建筑电气设计要点及常见问题分析

中国建筑设计研究院机电院　主编

中国建筑工业出版社

图书在版编目（CIP）数据

建筑电气设计要点及常见问题分析/中国建筑设计研究院机电院主编．—北京：中国建筑工业出版社，2006

ISBN 978-7-112-08778-5

Ⅰ．建… Ⅱ．中… Ⅲ．房屋建筑设备：电气设备-设计 Ⅳ．TU85

中国版本图书馆 CIP 数据核字（2006）第 113602 号

建筑电气设计要点及常见问题分析

中国建筑设计研究院机电院　主编

*

中国建筑工业出版社出版、发行（北京西郊百万庄）

各地新华书店、建筑书店经销

北京密云红光制版公司制版

北京建筑工业印刷厂印刷

*

开本：787×1092 毫米　1/16　印张：10¾　字数：262 千字

2006 年 10 月第一版　2007 年 9 月第二次印刷

印数：3501—5000 册　定价：**19.00** 元

ISBN 978-7-112-08778-5

（15442）

本书根据现行国家标准及民用建筑工程电气设计的现状，对民用建筑工程电气设计中的要点、难点、常见问题及改进措施进行了比较全面的阐述，以方便设计人员对设计规范、规程的理解和应用，合理和优化设计，提高设计质量。

全书共分3章，第1章介绍民用建筑电气设计要点，包括在住宅（小区）、住宅、商店（场）、学校、办公楼等工程中电气设计的相关要点；第2章介绍电气设计中的常见问题或错误做法及分析改进措施；第3章介绍电气节能设计咨询要点，包括节能诊断工作思路、节能诊断标准及目标值、现场询问调查、现场测试调查、诊断工作时间计划、拟配备的专业技术人员、电气所需仪器设备、需要被诊断方提供的资料、诊断工程实例等内容。为方便电气设计人员对外交流，书中最后还附有“电气专业术语英汉对照表”。

本书不仅对于刚进入电气设计工作领域的设计者有较高的指导意义，而且对于有多年工作经验的电气设计师也有相当的参考和借鉴价值。

* * *

责任编辑：刘　江　范业庶
责任设计：董建平
责任校对：邵鸣军　孙　爽

前　言

随着科技水平的不断发展和人们对生活要求的不断提高，对建筑电气设计的设计要求也日益提高，尤其体现在电气设计工作量、设计内容的深度和广度上，其在整个工程中的设计比例更是不断地增加。如何把握住电气设计的要点，是电气设计人员和刚进入这个行业的大学毕业生必须学习和研究的重点。只有把握住电气设计的工作要点，才能在这个快速更新的设计领域中做到以不变应万变，面对纷繁复杂的工程做到游刃有余，甚至推陈出新，为使自己的电气设计水平达到更高的境界打下坚实的基础。

为了使刚走上工作岗位的毕业生迅速实现从大学生到工程师的角色转换，早日适应电气设计工作的需要，以保证所从事的技术工作规范、有序地进行；同时为了响应我国政府发出“建设节约型和谐社会”的号召，根据建设部制定的“节水、节电、节能、节材”战略要求；多位资深设计工作者和专家根据自己的设计经验，编制了《建筑电气设计要点及常见问题分析》（以下简称《要点及分析》），其中包括民用建筑电气设计所需要注意的要点和电气节能设计咨询要点。

另外，《要点及分析》根据国家现行的有关规范、规程，对民用建筑工程设计中由于设计人员对规范、规程不太熟悉，理解不够全面以及制图上的疏忽，出现了一些错误的做法。我们收集了审图、业主、监理单位及工程回访中业主提出的问题，对其中常见的七类89个问题进行汇总、整理、分析，并提出改进措施及依据，以达到加强设计人员对规范、规程全面、准确的理解，避免类似错误的发生，合理和优化设计，提高设计质量的目的。

同时随着我国援外设计项目及与国外技术交流逐步增多，为了提高专业设计人员对外的交流水平，我们编制了电气专业术语英汉对照表，供相关人员参考。

《要点及分析》以民用建筑为主，适用于办公楼、高级宾馆、饭店、机场、影剧院、体育场（馆）、火车站、银行、百货商店、金融中心、博物馆、展览馆、图书馆等项目的电气设计。

《要点及分析》对于刚进入电气设计工作领域的设计者是一本高效的指导用书，对于有多年工作经验的电气设计师更是一本具有相当参考和借鉴价值的工具用书。此书将有助于电气设计师在工作中事半功倍，有所裨益。

由于时间仓促，加之作者水平所限，书中难免有诠释不周或疏漏之处，敬请读者指正。

中国建筑设计研究院机电院院长

张阳东

《建筑电气设计要点及常见问题分析》
编　委　会

主　编：欧阳东　教授级高工　中国建筑设计研究院机电院　院长

副主编：张文才　教授级高工　中国建筑设计研究院机电院　总工程师

胥正祥　高级工程师　中国建筑设计研究院机电院　资深专家

编　委：丁　一　梁华梅　贾京花　李炳华　陈　琪　李俊民

王苏阳　张　青　庞传贵　王浩然　王　琼　都治强

甄　毅　王　莉

部分作者合影

目　录

第1章 民用建筑电气设计要点

1.1 住宅（小区）电气设计

1. 住宅电气设计一般包括：供配电系统；电力、照明系统；火灾自动报警及联动控制系统；安全防范系统；通信布线系统；信息网络系统；有线电视系统；建筑设备监控与管理系统；智能家居控制系统；线路敷设；防雷及安全接地等。

2. 负荷等级

（1）住宅楼的负荷等级参见《全国民用建筑工程设计技术措施——电气》2.2.2表的规定，消防电梯、应急照明等消防用电设备的负荷等级应符合消防电源的供电要求。

（2）建筑装修标准高和设有集中空调系统的高级住宅、19层及以上普通住宅的消防设备供电应按一级负荷要求设计；10层至18层的普通住宅的消防设备供电应按二级负荷要求设计。

3. 供配电系统

（1）住宅小区的10kV供电系统宜采用环网方式。

（2）住宅小区的220/380V配电系统，宜采用放射式、树干式，或二者相结合的方式。

（3）住宅小区内重要的集中负荷宜由变电所专线供电；小区供电宜留有发展的备用回路。

（4）住宅小区的供电系统，应采用TN-C-S或TN-S接地方式，并进行总等电位联结。

（5）每幢住宅的总电源进线断路器，应能同时断开相线和中性线，应具有剩余电流动作保护功能，剩余电流动作值的选择应符合下列要求：

①当住宅的电源总进线断路器整定值不大于250A时，断路器的剩余电流动作值宜为300mA；总进线断路器整定值为250～400A时，断路器的剩余电流动作值宜为500mA；总进线断路器整定值大于400A时，宜在总配电柜的出线回路上分别装设若干组具有剩余电流动作保护功能的断路器。

②消防设备供电回路的剩余电流动作保护装置不应作用于切断电源，只应作用于报警。

③电源总进线处的剩余电流动作保护装置的报警除在配电柜上有显示外，还宜在小区值班室设声光报警。

（6）住宅小区路灯的供电电源，宜由专用变压器或专用回路供电。

（7）供配电系统应考虑三相用电负荷平衡。

（8）单元（层）应设电源检修断路器一个。

（9）只有单相用电设备的用户，其计算电流小于等于40A时应单相供电；计算电流大于40A时应三相供电。

（10）当每户住宅采用单相供电时，进线开关宜应选用双极隔离电器（即同时断开相线和中性线的开关电器）。

4. 多层住宅

（1）电源引入

①多层住宅小区宜分区域设置若干户外10/0.4/0.23kV预装式变电站（带环网柜）。低压供电以住宅楼单元为供电单元，从户外变电站至单元总电源箱采用等截面电缆供电。

②多层住宅宜采用树干式供电，并宜采用电缆埋地进线，进线处应设有电源箱，电源箱可选用室内型或室外型。

③底层有商业设施的多层住宅楼，住户与商业设施宜分别引入电源并设置电源进线开关，商业设施的电度表宜安装在各核算单位，或集中安装在公共电表箱内。

（2）配电系统

①多层住宅的单独供电，宜采用三相供电。每户宜采用单相供电。

②多层住宅的配电系统宜采用放射式或与树干式相结合的系统，由层配电电表箱和向本层各住户分配电箱供电。

③住宅的楼梯间照明、有线电视系统、安全防范系统等公用供电电源，应单独装设电度表。

5. 高层住宅

（1）电源引入

①高层住宅在底层或地下一层设10/0.4/0.23kV户内变电所或户外预装式变电站（带环网柜）。

②18层及以下住宅，视用电负荷的具体情况可以采用放射式或树干式供电，19层及以上住宅，宜由变电所设专线回路采用放射式系统供电，电源柜设在一层或地下室内，电源柜至室外应留有不少于2回路的备用管，管径为$\Phi 100\sim150$mm，照明、电力及应急电源应分别引入。

（2）配电系统

①高层住宅的供电应采用三相供电系统，视负荷大小及分布状况可以采用如下形式：插接母线供电，并根据负荷情况分段供电；电缆供电系统，并根据负荷情况分层供电；应急照明可以采用树干式或分区树干式系统。

②高层住宅每户宜采用单相配电方式。公共走廊、楼梯间、电梯前室等供电照明，有线电视系统、安全防范系统等公共用电电源，应单独装设电度表。

③住户电度表宜集中安装在层配电箱（电表箱）内。

6. 别墅群区

（1）电源引入

①别墅群区宜分区域设置10/0.4/0.23kV户外预装式变电站（带环网柜）。

②别墅群区宜采用树干式或树干式与放射式相结合的方式供电，低压供电以别墅为供电单元采用电缆进线，进线处应在室内或室外设置电源箱。

（2）配电系统

①别墅的配电，应根据用电负荷的情况决定配电方式，当每户用电负荷为12kW及以下时，宜采用单相配电，选用单相电度表；当每户用电负荷超过12kW时，宜采用三相配电，并应考虑单相负荷的平衡配置，选用三个单相电度表或三相电度表。

②别墅住户的配电箱宜安装在一层或便于检修的地方。

③别墅区的室外公共照明及其他公共用电由小区变电站供电。

7. 住宅用电负荷及负荷计算

(1) 康居住宅用电负荷标准：基本型（1A），4kW/户；提高型（2A），6kW/户；先进型（3A），8kW/户。

(2) 住宅用电负荷计算宜采用需要系数法。

(3) 住宅用电负荷需要系数、住宅插座设置数量，参见《住宅设计规范》和《全国民用建筑工程设计技术措施—电气》2.2.2、2.2.3节。

8. 照明

(1) 住宅照明标准值参见《建筑照明设计标准》5.1节。

(2) 住宅（小区）的公共走道、走廊、楼梯间应设人工照明，除高层住宅的电梯厅和火灾应急照明外，均应安装节能型自熄开关或设带指示灯（或自发光装置）的双控延时开关。

(3) 19层及以上高层住宅的疏散走道和安全出口处，应设疏散指示标志。10～18层高层住宅可不设疏散指示标志。

(4) 12～18层高层住宅的疏散楼梯间、电梯前室应设应急照明。应急照明灯具可安装在门口上方，并宜标注楼层号。

9. 配电线路

(1) 电气线路应符合安全和防火要求的布线方式，住宅室内配电电路宜采用暗敷设。导线宜采用铜芯线，住宅单相进户线截面不应小于$10mm^2$，三相进户线截面不应小于$6mm^2$。

(2) 一般分支回路导线截面不应小于$2.5mm^2$，柜式空调器、电热水器等电源插座回路应根据实际情况选择导线截面。

(3) 单相电源回路的中性线应与相线截面相等。

10. 火灾自动报警及联动控制

(1) 住宅（小区）火灾自动报警及联动控制的设计，应符合国家标准《火灾自动报警系统设计规范》(GB 50116) 的有关规定。

(2) 不设火灾自动报警系统的住宅厨房，宜安装可燃气体泄漏报警装置，并能就地发出声光报警信号。

(3) 19层及以上的高层住宅和多层高级住宅，应按《火灾自动报警系统设计规范》(GB 50116) 设置火灾自动报警系统。

11. 安全防范系统

(1) 住宅（小区）的安全防范系统应由周界安全防范、公共区域的安全防范、家庭内的安全防范及小区安防监控中心等组成。

(2) 住宅小区周界安全防范系统宜由栅栏和周界入侵探测报警装置及报警控制器等组成。

(3) 住宅小区公共区域的安全防范

①住宅小区内宜设巡更系统，保安巡更人员应按设定路线进行值班巡查并予以记录。

②在线式巡更系统应与安防监控中心计算机联网，计算机可随时读取巡更所登录的信息。

③视频监控系统，在住宅小区的主要出入口及公共建筑的重要部位宜安装摄像机进行监视。安防监控中心可控制摄像机、自动/手动切换系统图像，宜对所监控的重要部位进行24h持续录像。

④先进型住宅小区除具有上述功能外，还宜在小区主要通道、停车场及电梯轿箱等部

位设置摄像机。视频监控系统应与安防监控中心计算机联网。

⑤停车场管理系统，在住宅小区车辆入口、停车场出入口处，采用IC卡或者其他形式进行管理或计费，并具有车辆出入及存放时间记录、查询及数量统计等管理功能。停车管理系统应与安防监控中心计算机联网。

(4) 家庭内的安全防范

①应在户内不少于一处安装紧急求助报警装置。

②在住宅楼入口处或防护门上设置访客语音对讲装置，应具有访客与住户对讲、住户控制开启单元入口处防护门的基本功能。先进型住宅小区可采用可视对讲系统。

③访客对讲系统宜采用联网型，安防监控中心内的管理主机具有与各住宅楼道入口处主机及住户室内分机相互联络、通信的功能。

④住宅可在住户室内、户外、阳台及外窗等处选择性的安装入侵报警探测装置。

(5) 住宅小区监控中心是整个小区安防系统的监控/管理和接、处警中心，应能对小区内的周界防范系统、公共区域安全防范系统、家庭内安全防范系统等进行监控和管理。住宅小区监控中心可与住宅小区管理中心合并使用。

12. 住宅（小区）通信布线系统

(1) 电话进户线应在用户配线箱内做转接点，便于系统维护、检修。

(2) 普通住宅的起居室、主卧室、卫生间宜安装电话出线口。一条外线可接几个分机应以当地电信部门的规定为准，一般不超过3个。

(3) 住宅内应采用标准信息插接式电话插座。康居住宅电话插座设置数量参见《全国民用建筑工程设计技术措施—电气》22.7.1、22.7.2表。

13. 住宅（小区）信息网络布线系统

(1) 信息网络进户线应在用户配线箱内做集合点，便于系统维护、检修。

(2) 信息插座的设置数量应有一定的超前性，各户起居室或书房应装设信息插座。居室内应采用标准插接式信息插座。信息插座配置参见《全国民用建筑工程设计技术措施—电气》22.8.1表。

14. 有线电视和卫星电视系统

(1) 有线电视和卫星电视系统的设计应与当地有线电视网的现有水平及发展规划相互协调一致。

(2) 设计双向传输的有线电视系统，其设备、缆线应按双向传输性能指标考虑。

(3) 有线电视进户线应在用户配线箱或专用用户分配器箱内做分配点。

(4) 居室内应采用标准插接式电视插座。

(5) 各户起居室、主卧室均应装设电视插座。电视插座配置见《全国民用建筑工程设计技术措施—电气》22.7.2表。

15. 建筑设备监控系统与管理系统

(1) 表具数据自动抄收及远传系统应具有下列功能：表具数据自动抄收及远传、掉电保护和数据存储、超限定值判断、故障自动检查和报警、偷窃电鉴别、分时段计费、实时计量、在线查询、管理等。

(2) 电力线载波表具数据自动抄收及远传系统；采集模块设于住户室内普通耗能表附近的接线盒内；终端设置于电度表箱内，也可设置于弱电间、公共走道采集箱内。

(3) 电力线载波通信距离由产品性能确定。如超过允许的通信距离，可设置集中器，当用户数量较少时，可在线路中间增设一台中继器，对信号进行放大和滤波。

(4) 专网总线表具数据自动抄收及远传系统，系统设备之间的连线均为专用管线，当总线的传输距离超过一定值时，需加装中继器，对信号进行放大和滤波，以确保数据精度。集中器安装在弱电竖井或公共走道内，集中器与管理中心用专网总线、电话线等联络。

(5) 物业管理系统应具有人与人、人与机对话的基本功能，宜包括住户人员管理、住户房产维修、住户物业费等各项费用的查询及收取、住宅（小区）公共设施管理、住宅（小区）工程图纸管理等。信息服务项目一般包括：紧急求助、家政服务、电子商务、远程教育、远程医疗、保健、电子银行、娱乐等。

16. 智能家居控制系统

(1) 智能家居控制系统的功能一般包括：家庭安防、家用电器监控、表具数据采集及处理、通信网络和信息网络接口等。

(2) 家庭安防包括安防报警、访客对讲系统。见上述 11.（4）。

(3) 家用电器的监控包括：照明灯、电动窗帘、空调器、热水器、电灶具、音视设备等的监视和控制。

17. 住户配线箱

(1) 住户配线箱内设置电话、有线电视、信息网络等智能化系统进户线的分界点、分配点。

(2) 含有三个及以上的智能化子系统的工程，宜在每户设置住户配线箱。住户配线箱宜暗装在起居室或维修、维护方便的位置。

18. 防雷及接地

(1) 防雷及接地见《建筑物防雷设计规范》(GB 50057—94) 有关规定。

(2) 设洗浴设备的卫生间、浴室应做局部等电位联结。

附录　从几个工程中选用下列图纸仅供参考：

(1) 附图 1-1　低压配电系统图

(2) 附图 1-2　标准层电气平面图

(3) 附图 1-3　单元户型强电大样图

(4) 附图 1-4　单元户型弱电大样图

(5) 附图 1-5　综合布线系统图

(6) 附图 1-6　可视对讲系统图

(7) 附图 1-7　电气消防系统图

(8) 附图 1-8　有线电视系统图

(9) 附图 1-9　电话系统图

(10) 附图 1-10　表具自动抄收系统线路敷设示意图

(11) 附图 1-11　住户配线箱接线示意图

(12) 附图 1-12　屋顶防雷平面图

(13) 附图 1-13　配电总平面图

(14) 附图 1-14　弱电总平面图

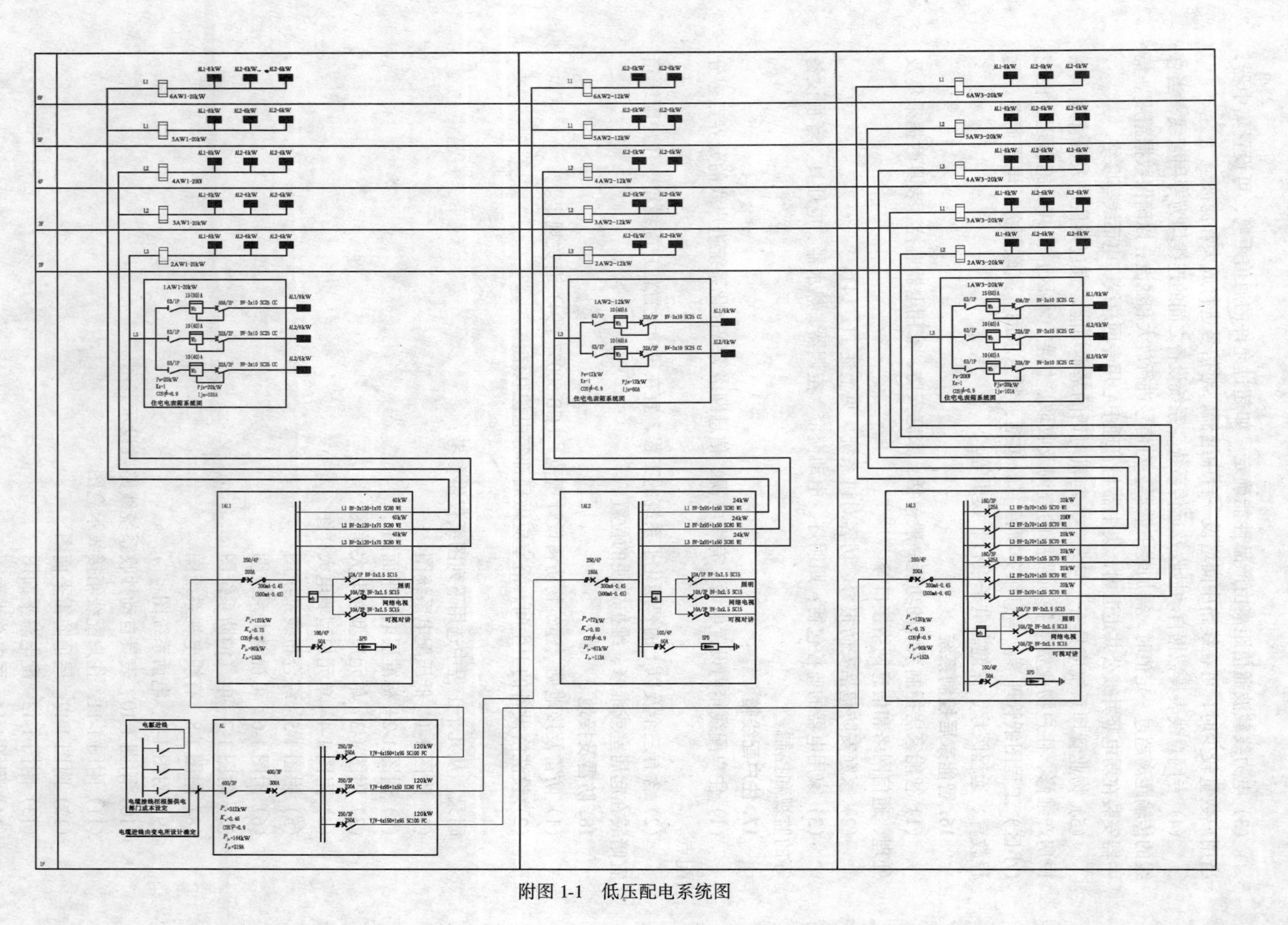

附图 1-1 低压配电系统图

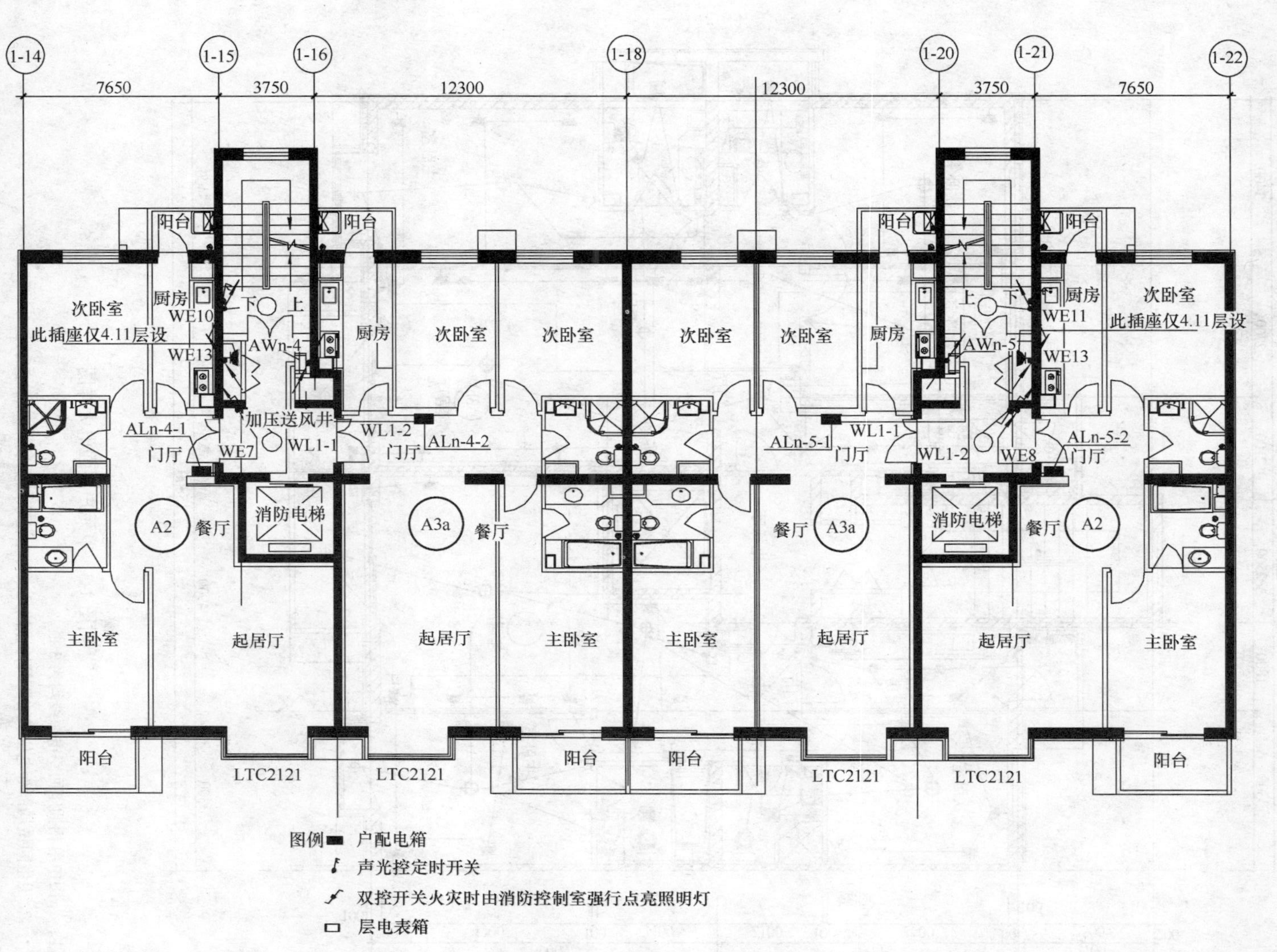

附图 1-2　标准层电气平面图

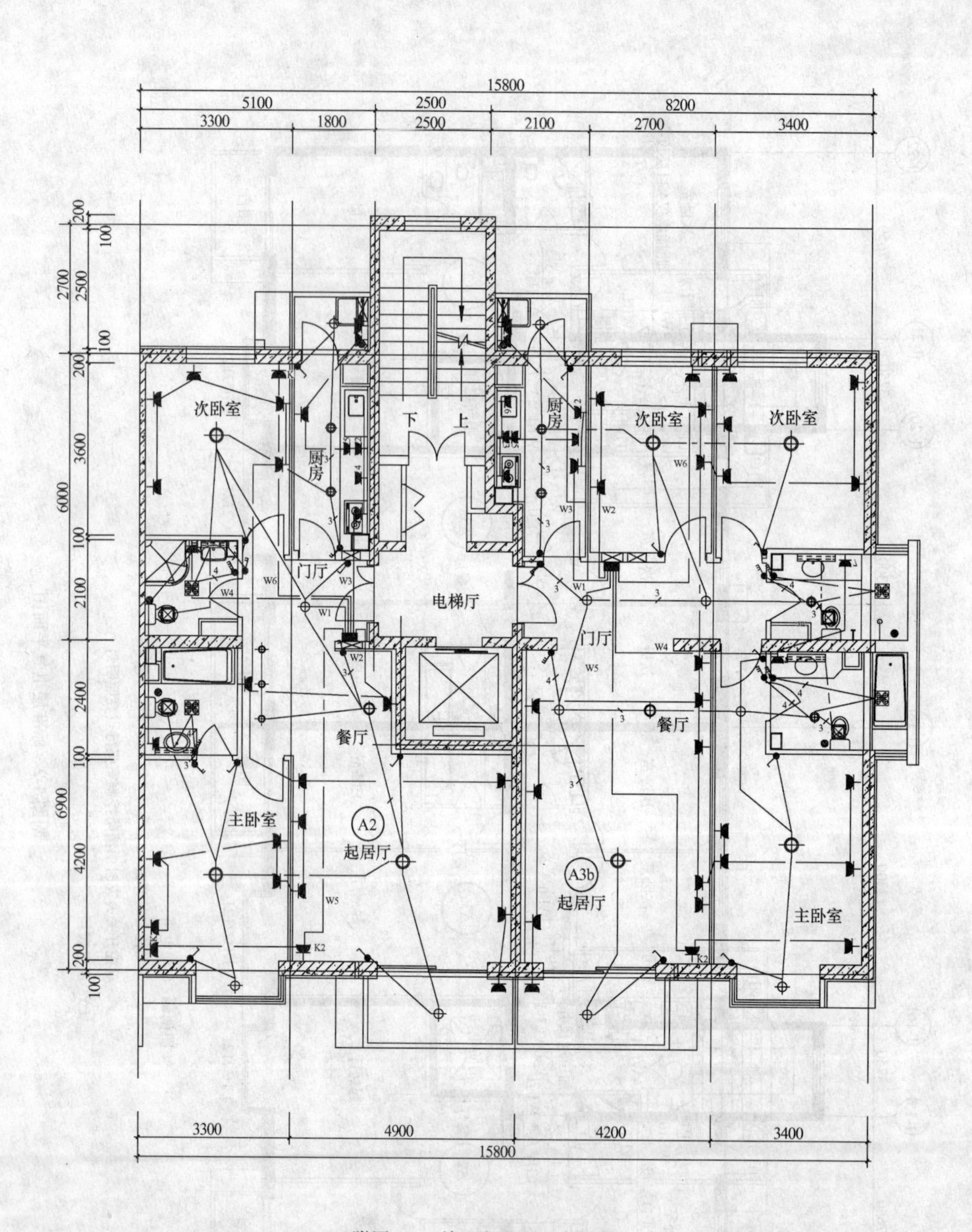

附图 1-3　单元户型强电大样图

注：1. 图中单相插座回路电源线均为 3 根。

2. 卫生间做局部等电位联结，具体做法见《等电位联结安装》02D501-2P16。

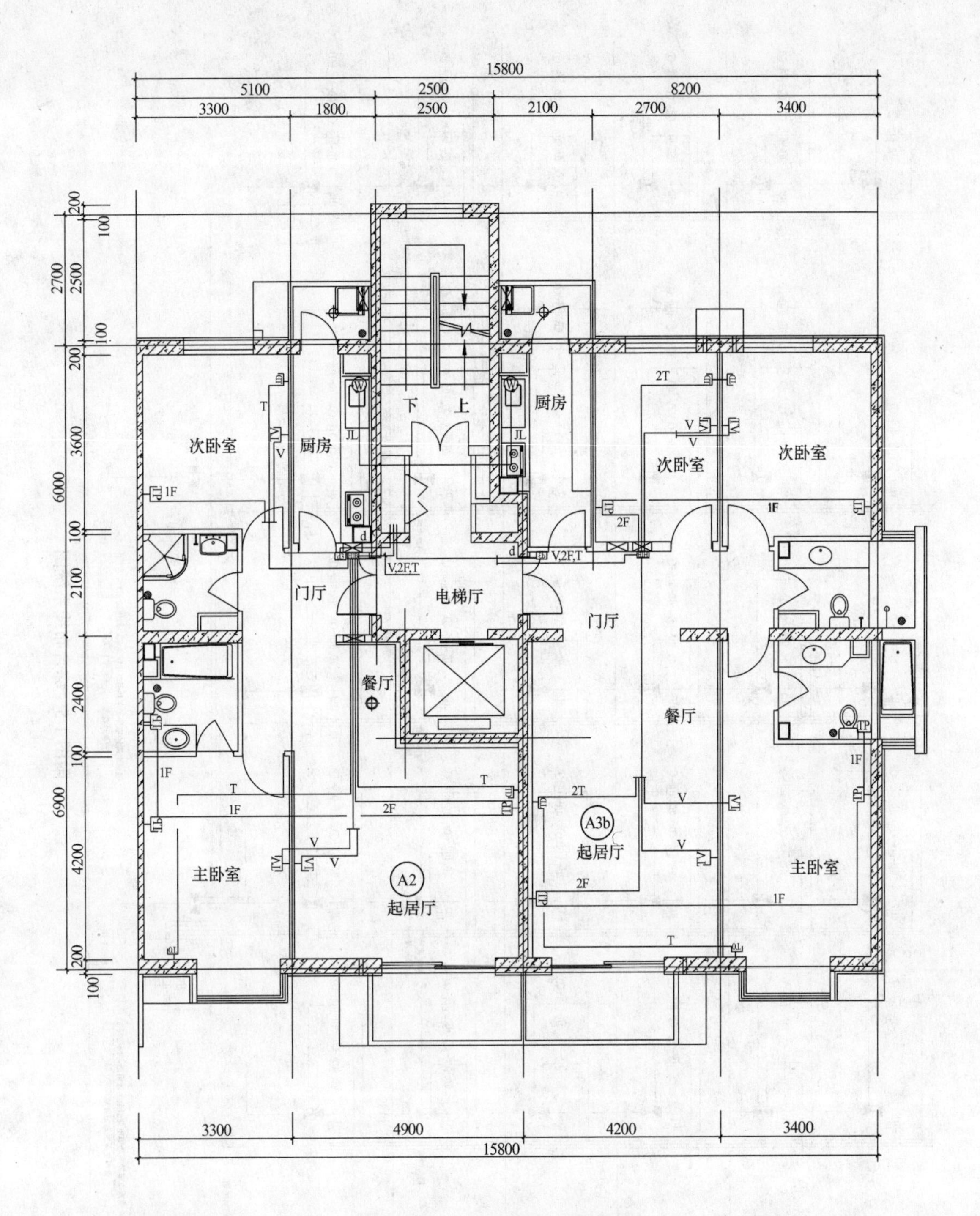

附图 1-4　单元户型弱电大样图

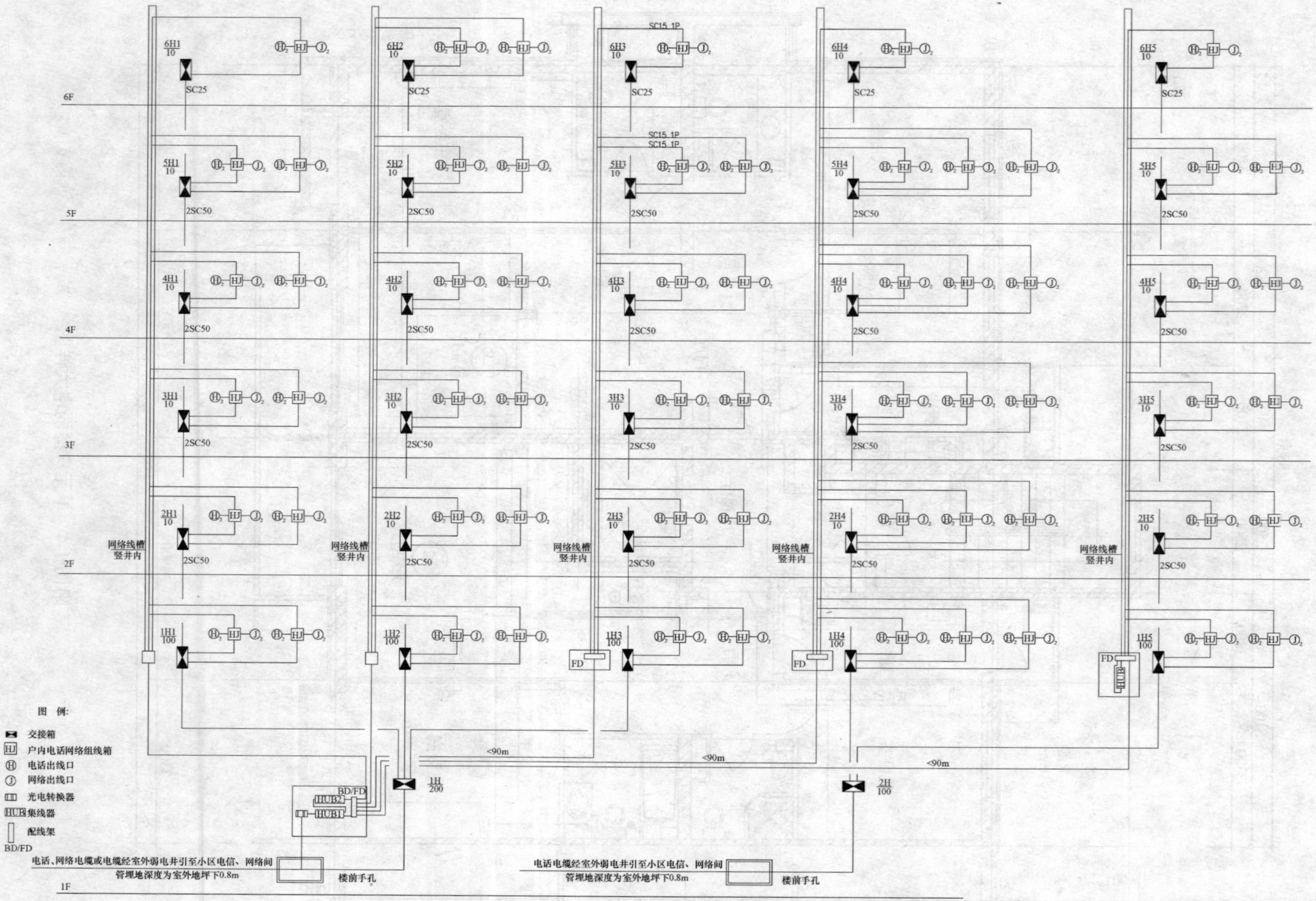
图 例:
交接箱
HJ 户内电话网络组线箱
H 电话出线口
J 网络出线口
光电转换器
HUB 集线器
配线架
BD/FD
电话、网络电缆或电缆经室外弱电井引至小区电信、网络间
管埋地深度为室外地坪下0.8m
楼前手孔
电话电缆经室外弱电井引至小区电信、网络间
管埋地深度为室外地坪下0.8m
楼前手孔
6F
5F
4F
3F
2F
1F
网络线槽
竖井内
SC25
2SC50
SC15 1P
<90m
1H
200
2H
100
HUB2
HUB1
FD

附图 1-5　综合布线系统图

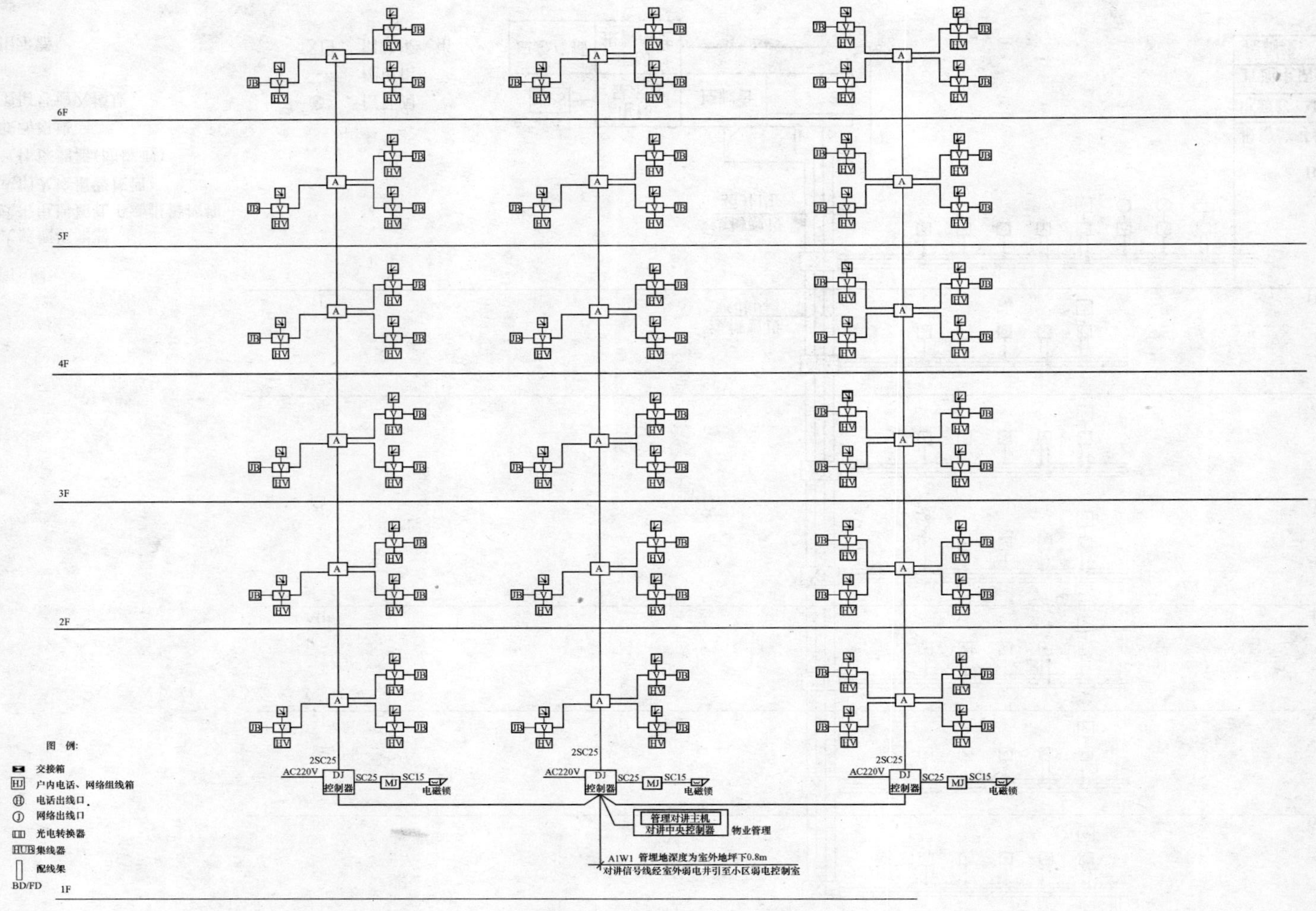

附图 1-6 可视对讲系统图

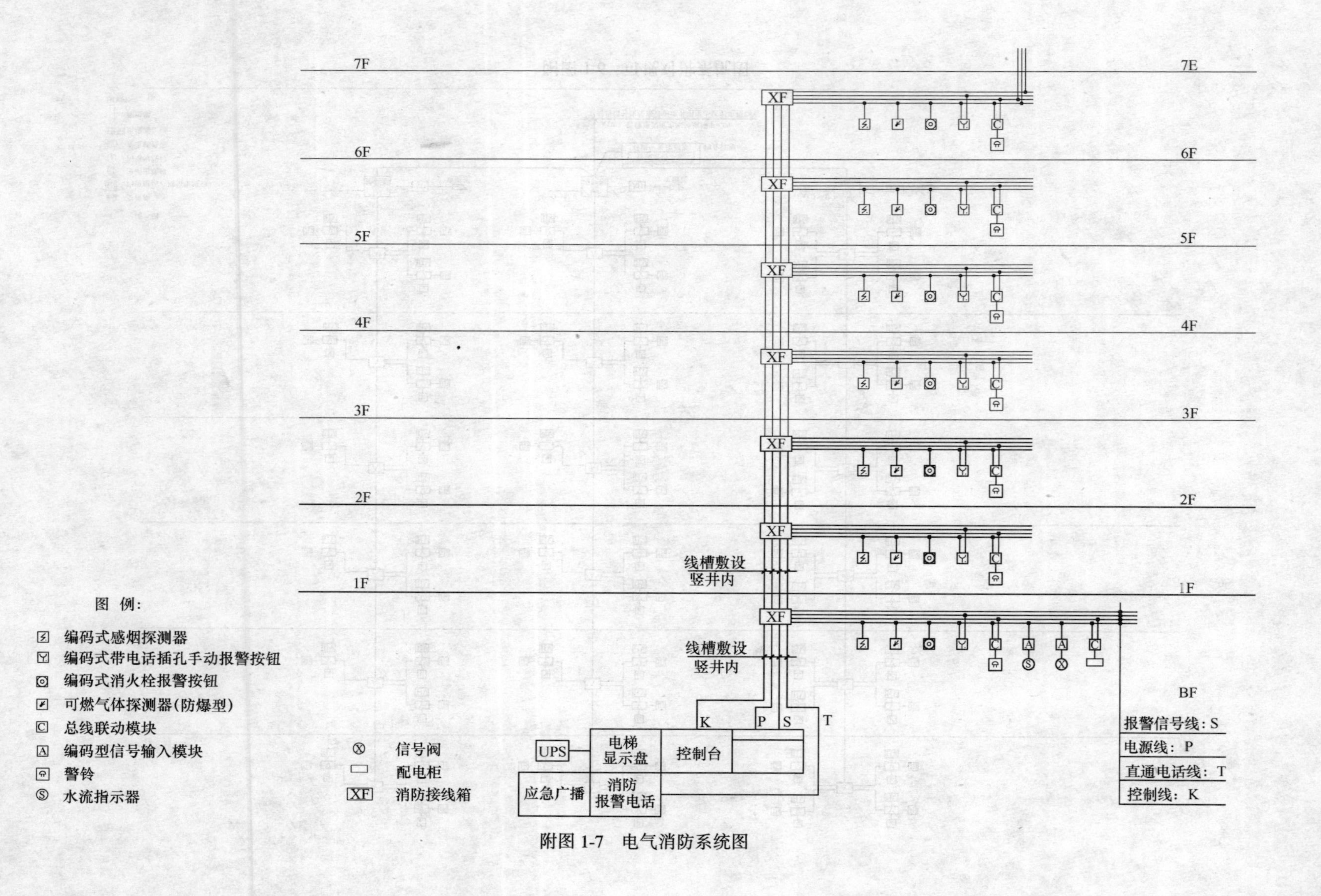

附图 1-7　电气消防系统图

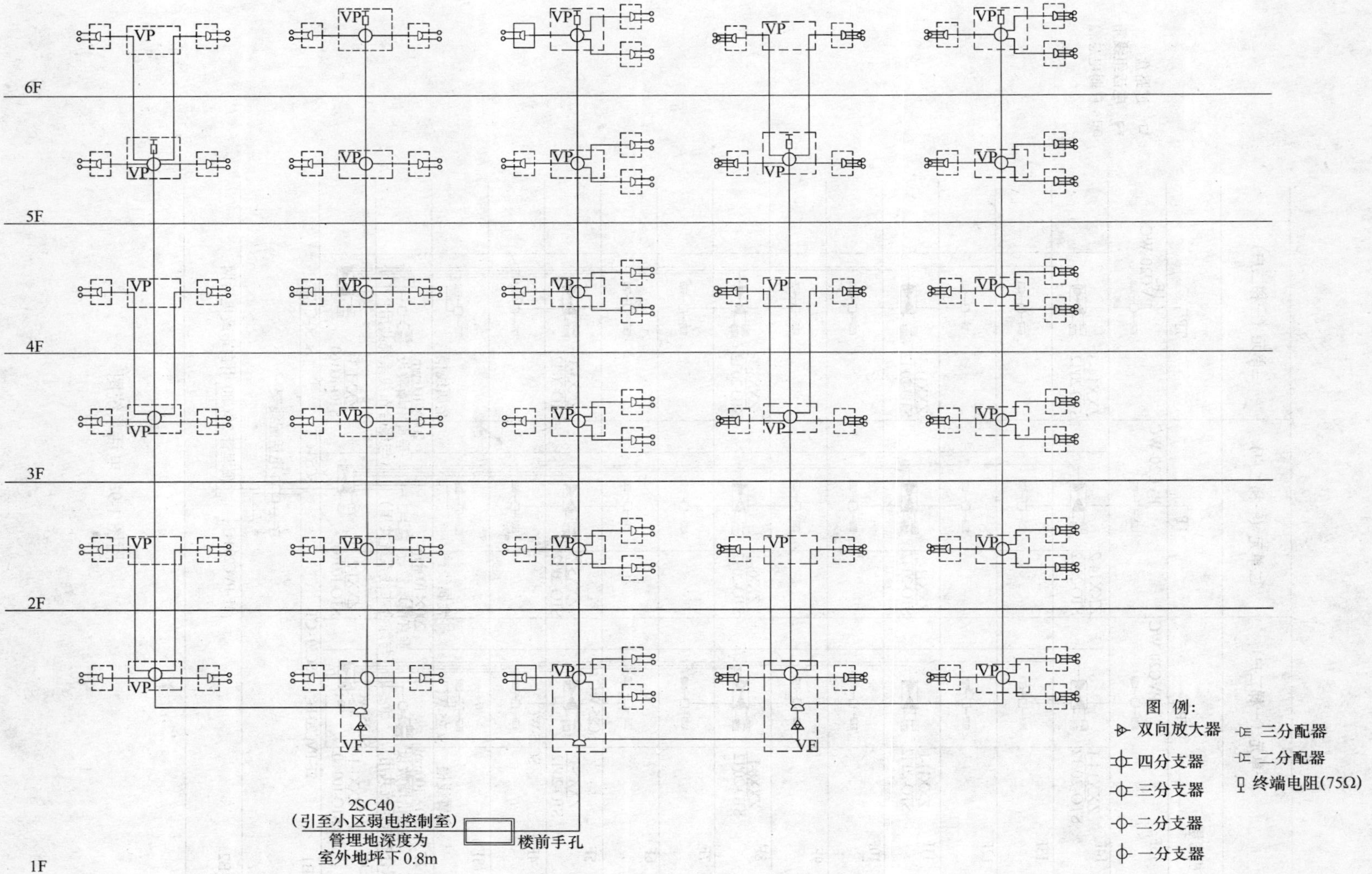

6F

5F

4F

3F

2F

1F

2SC40
（引至小区弱电控制室）
管埋地深度为
室外地坪下0.8m

楼前手孔

VP

VE

图 例:

双向放大器

四分支器

三分支器

二分支器

一分支器

三分配器

二分配器

终端电阻(75Ω)

附图 1-8　有线电视系统图

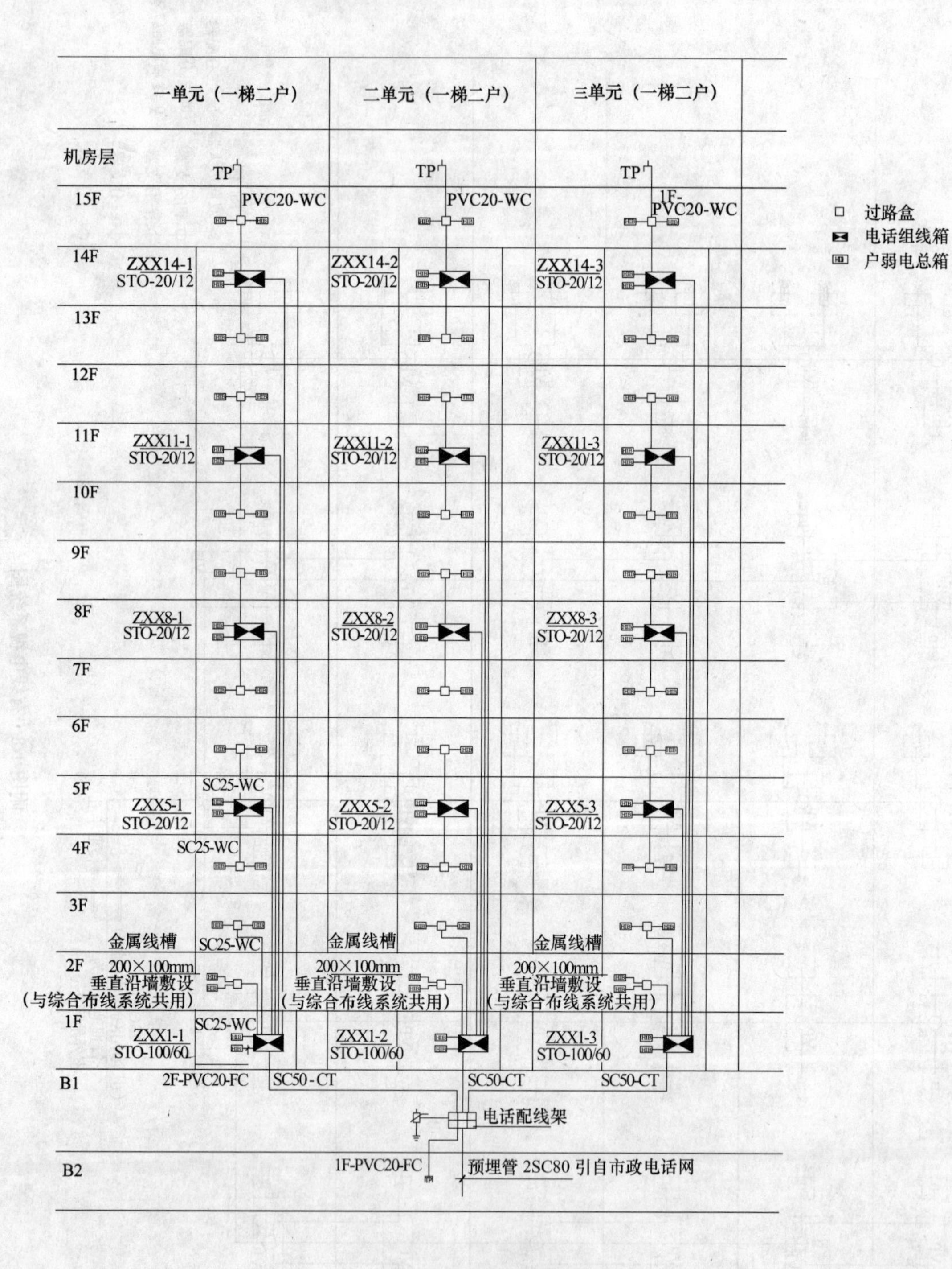
一单元（一梯二户）
二单元（一梯二户）
三单元（一梯二户）
机房层
15F
14F
13F
12F
11F
10F
9F
8F
7F
6F
5F
4F
3F
2F
1F
B1
B2
TP
PVC20-WC
1F-PVC20-WC
ZXX14-1
STO-20/12
ZXX14-2
STO-20/12
ZXX14-3
STO-20/12
ZXX11-1
STO-20/12
ZXX11-2
STO-20/12
ZXX11-3
STO-20/12
ZXX8-1
STO-20/12
ZXX8-2
STO-20/12
ZXX8-3
STO-20/12
ZXX5-1
STO-20/12
ZXX5-2
STO-20/12
ZXX5-3
STO-20/12
SC25-WC
金属线槽
200×100mm
垂直沿墙敷设
（与综合布线系统共用）
ZXX1-1
STO-100/60
ZXX1-2
STO-100/60
ZXX1-3
STO-100/60
2F-PVC20-FC
SC50-CT
电话配线架
1F-PVC20-FC
预埋管 2SC80 引自市政电话网
过路盒
电话组线箱
户弱电总箱

附图 1-9　电话系统图

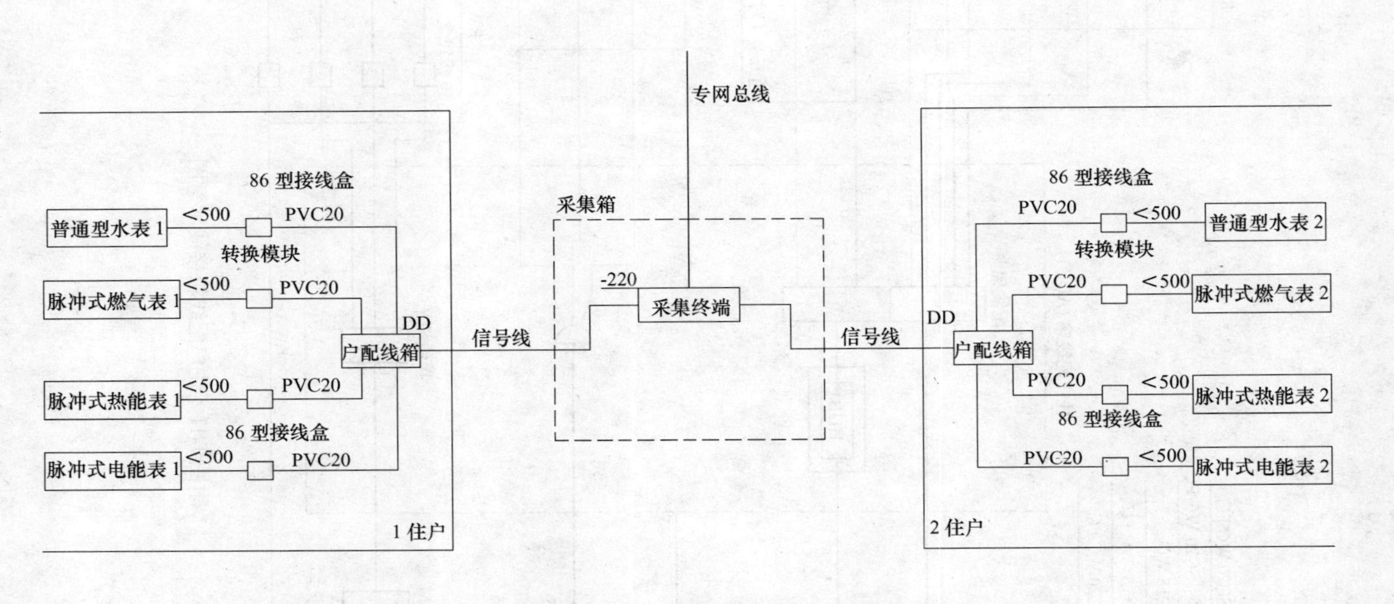

附图 1-10 表具自动抄收系统线路敷设示意图

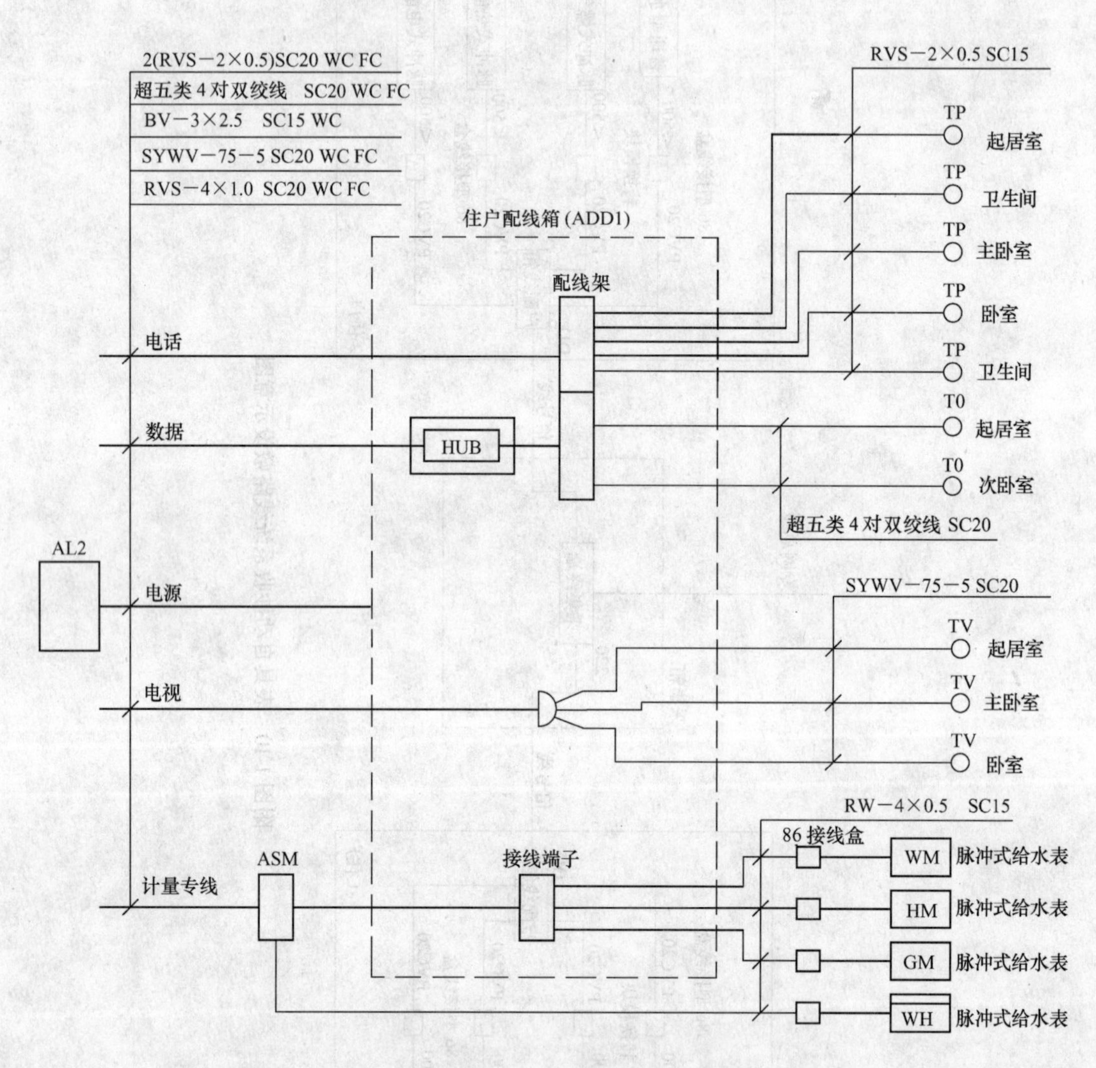

附图1-11 住户配线箱接线示意图

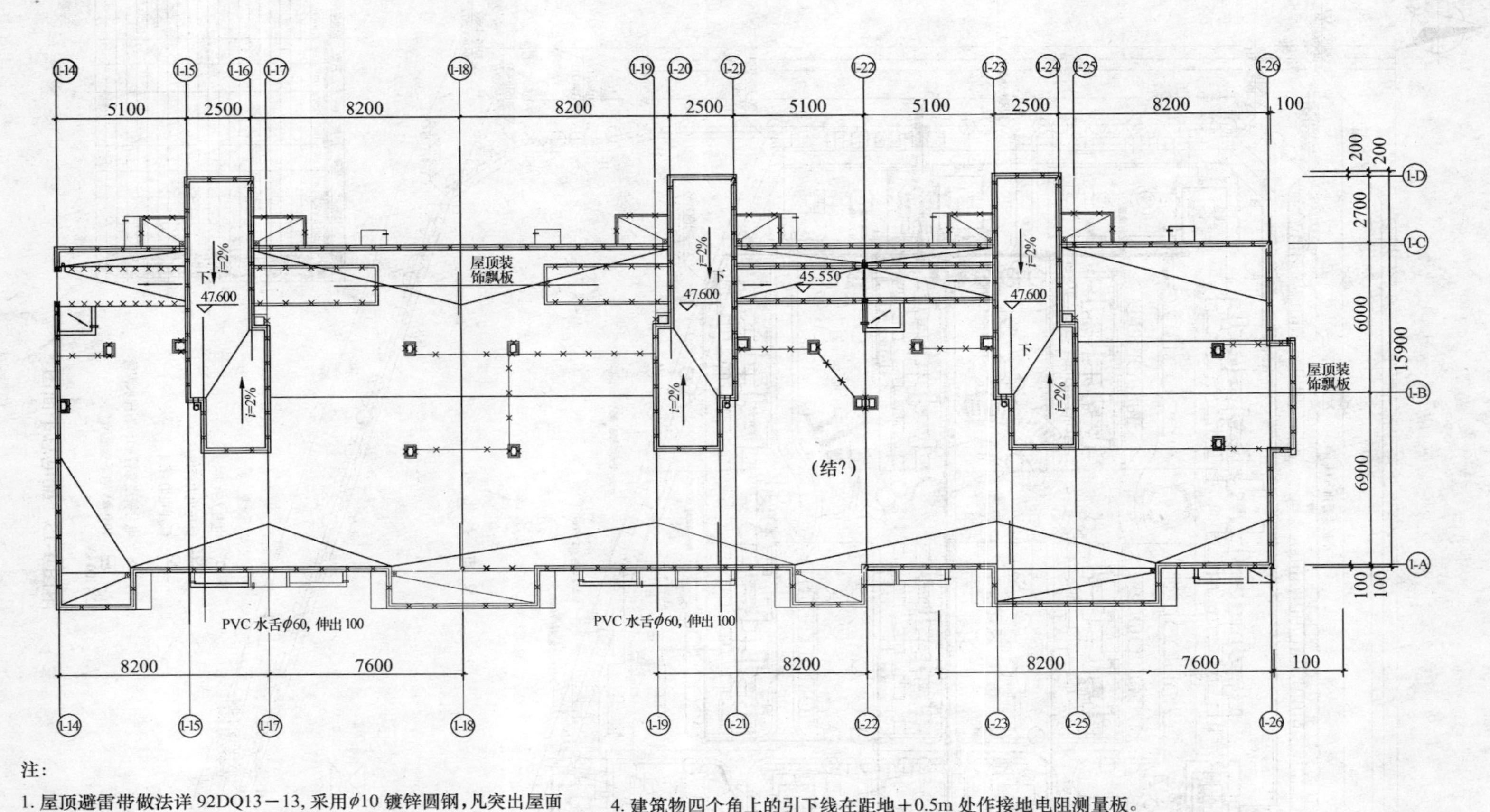

注：

1. 屋顶避雷带做法详 92DQ13－13, 采用ϕ10 镀锌圆钢，凡突出屋面的金属屋体均与防雷装置做可靠焊接。
2. 用柱内两根主筋（直径不小于 16mm）作为引下线。
3. 基础梁内主钢筋相互焊接作自然接地体。
4. 建筑物四个角上的引下线在距地＋0.5m 处作接地电阻测量板。
5. 电力系统接地与防雷接地相连。
6. 接地电阻由设计确定，不满足要求时补打人工接地体。

附图 1-12　屋顶防雷平面图

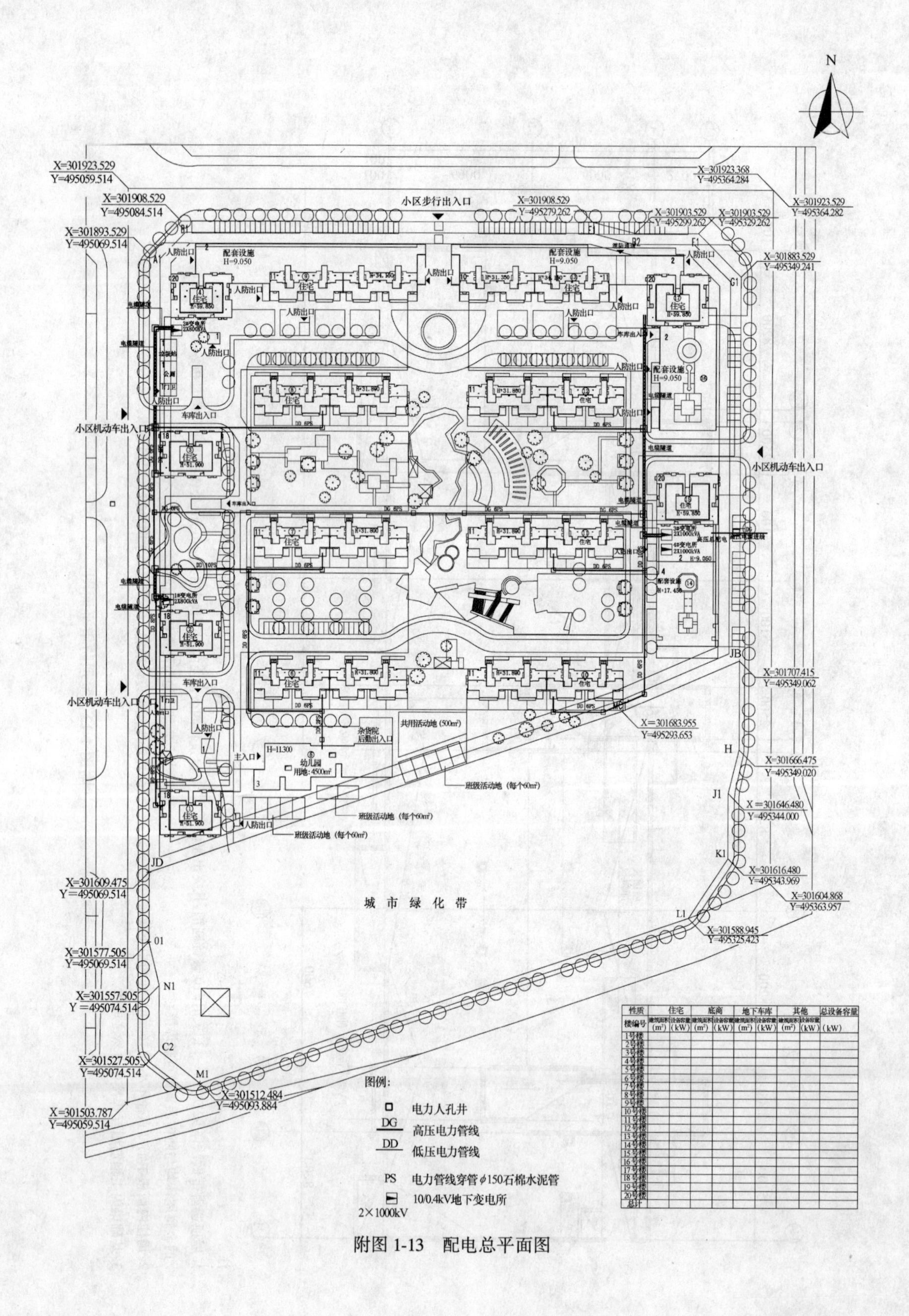

附图 1-13 配电总平面图

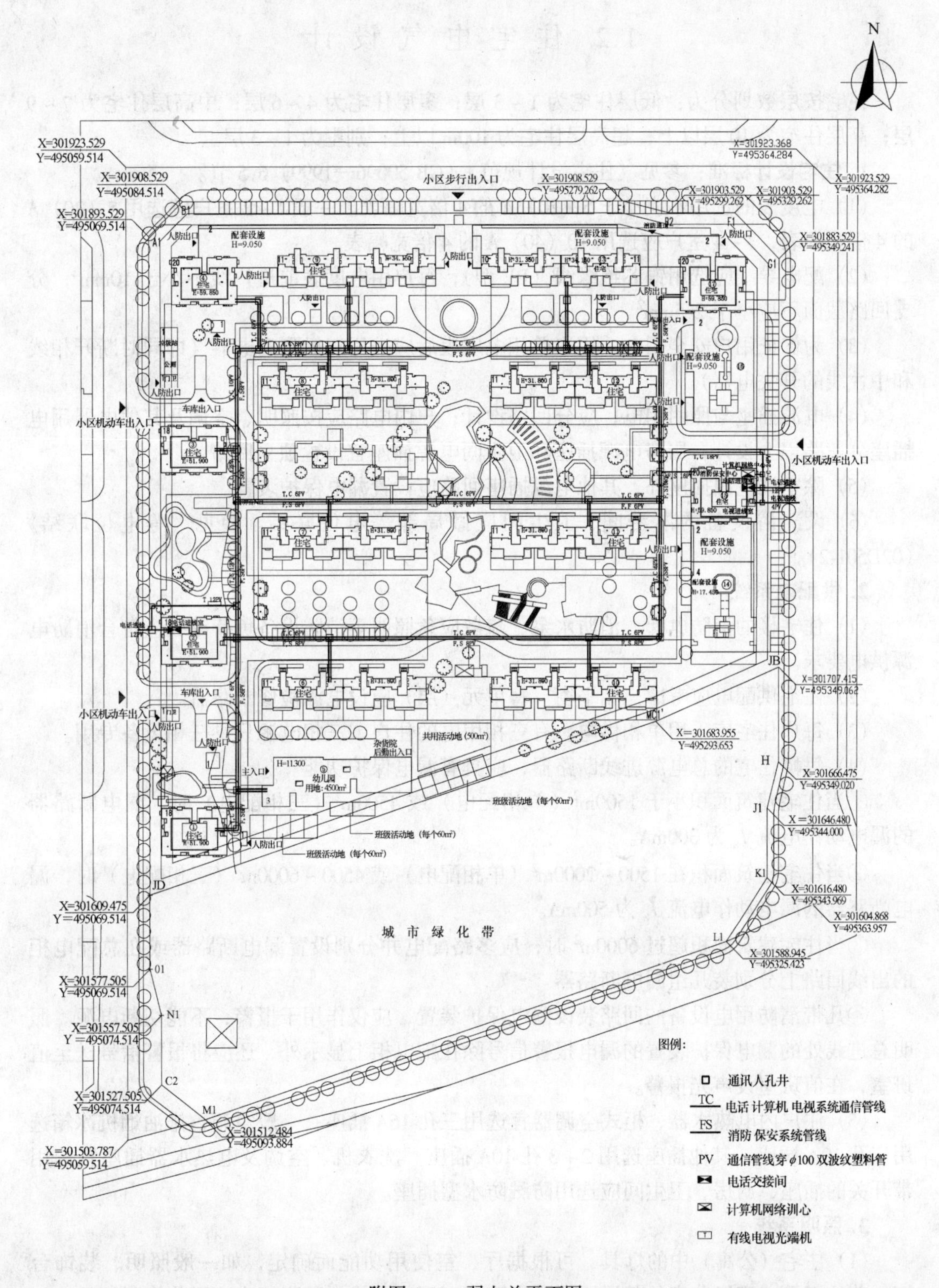

附图 1-14 弱电总平面图

1.2 住宅电气设计

住宅按层数划分为：低层住宅为1~3层；多层住宅为4~6层；中高层住宅为7~9层；高层住宅为10层以上；超高层住宅为100m以上；别墅为1~3层。

1. 住宅设计标准：参见《住宅设计规范》(GB 50096—1999) 6.5节。

(1) 电度表的选用不应小于5 (20) A的4倍宽幅表。一般1~2室户应选用5 (20) A的4倍宽幅表，3~4室户应选用10 (40) A的4倍宽幅表。

(2) 配电导线应选用铜芯绝缘线 (BV型)；每户用电度表前进户线不小于10mm²，分支回路截面不应小于2.5mm²。

(3) 为保证用户安全用电，用户单相电度表后应选用双极隔离电器（即同时断开相线和中性线的开关电器）。

(4) 电源插座与照明用电，应分回路设计；户内电路应按照明、空调及其他电器用电插座分三路以上设计；厨房电源插座和卫生间电源插座宜设置独立回路。

(5) 除空调电源插座外，其他电源插座回路应设置漏电保护装置。

(6) 设洗浴设备的淋浴间、卫生间应做局部等电位联结。参见《等电位联结》(02D501-2)。

2. 供配电系统

(1) 住宅楼的消防电梯、消防水泵、疏散应急照明等消防设备负荷等级应符合消防电源供电要求。

(2) 住宅供配电应考虑三相平衡。每单元（层）应设电源检修断路器。

(3) 每户住宅应采用单相供电。有三相用电的住户，三相电源只供三相设备专用。

(4) 每幢住宅的总电源进线断路器，应具有漏电保护功能。

①当住宅建筑面积小于1500m²（单相配电）或4500m²（三相配电）时，漏电断路器的漏电动作电流 I_z 为300mA。

②当住宅建筑面积在1500~2000m²（单相配电）或4500~6000m²（三相配电）时，漏电断路器的漏电动作电流 I_z 为500mA。

③当住宅建筑面积超过6000m²时，应多路配电并分别设置漏电断路器或在总配电柜的出线回路上分别装几组漏电断路器。

④凡带消防用电设备的回路装设漏电保护装置，应仅作用于报警，不能切断电源。照明总进线处的漏电保护装置的漏电报警信号除在配电柜上显示外，还应将报警信号送至值班室，在值班室设声光报警。

(5) 住户内电热水器、柜式空调器宜选用三孔16A插座；一般空调、排油烟机冰箱选用三孔10A插座；其他插座选用2+3孔10A插座。洗衣机、空调及电热水器插座宜选用带开关的插座，厨房、卫生间应选用防溅防水型插座。

3. 照明系统

(1) 住宅（公寓）中的灯具，可根据厅、室使用功能而确定，如一般照明、装饰台灯、落地灯等。高级公寓的起居厅照明宜选用可调光方式，照明灯应选用节能型灯具。

(2) 厨房的灯具应选用易于清洁的类型，餐厅（或方厅）使用的照明光源显色性一致或近似，其开关宜选用单控开关，开关宜安装于厨房门外。

(3) 卫生间、浴室等潮湿且易污场所应选用易清理的灯具，其开关宜选用带指示灯开关（或自发光装置），宜装于浴室外或选用防潮防水型面板。

(4) 起居厅的灯具宜设置双控开关（宜带指示灯或自发光装置）；卧室的灯具宜设置单控或调光开关（宜带指示灯或自发光装置）。

(5) 公寓的楼梯灯应与楼层层数显示结合，共用走廊、楼梯间应安装声光控制开关或带指示灯（或自发光装置）双控延时开关。疏散照明的电源及灯具控制应满足消防要求。

1.3 商店（场）电气设计

1. 设计内容

商店（场）建筑电气设计的内容包括供配电系统；电力、照明系统；安全防范系统；电视、电话、有线广播系统；火灾报警控制系统以及为收银、办公管理计算机联网而设置的综合布线系统等。商店（场）电气设计应重点突出照明设计上，其他内容与各类建筑基本相同，不再赘述。

2. 照明设计要点

(1) 一般要求

①室内照明设计既是一种带有功能性要求的技术，又是室内环境设计中艺术表现的一种手法，如何正确地运用光色、照度和灯具造型来配合商店（场）室内设计，以创造出不同情调的环境，这是设计人要慎重考虑的问题。

由于电子技术在照明设计中的应用，给商店（场）照明增加了魅力，由计算机控制灯光与色彩的明暗强弱变化，能创造出一种主动“向人倾诉”的空间感，这种富有艺术感染力的照明设计日益显示出它的生命力。

②在商店（场）照明中，光源的光色和显色性对店内的气氛，商品的质感，都有很大影响。白炽灯可以得到指向性的光，而荧光灯可以得到扩散性的光，很好地利用光源的这些特性，便可使商品的质感表现出来。

③白炽灯价格便宜，商店照明中经常用到，由于它的效率较低，应尽量避免采用效率低的灯具，可以换节能灯光源，使光效得以充分的利用。

④光色高、显色性好、寿命长的高强气体放电灯（三基色荧光灯、金属卤化物灯等）将越来越多地得到应用。对于顶棚高度为3.5~4m的售货场地和顶棚高的进口大厅等，从减少照明灯具的数量和考虑维修方便出发，采用可以充分利用气体放电灯特性的照明手法。

⑤正确地选择光源的光色（色温）对室内空间的气氛有很大影响，色温高的灯光不仅使人感到凉爽，而且富有动感；色温低的光线会使人感到暖和、温柔，显得稳重、祥和，这种灯光能够显出木料、布料制品和地毯等的柔软手感。

⑥为获得好的显色效果，除正确选用光源以外，灯具的选型也十分重要。使用高亮度的光源和灯具造型，从各个方向照射，就会使宝石、玻璃器皿、金银首饰等增加美感。

(2) 商店（场）照明的评价

①外部印象：外部照明、装饰、招牌等设备充分与否，是否具备能满足顾客购买心理

要求的照明而能把顾客吸引到商店里来。

②基本照明效果：从一般照明亮度的均匀性，墙面照明和展示照明加强的效果、色彩调配与光的显色性等方面进行评价。

③重点照明：店内重要商品和主要售货场地的照明效果（立体感、光泽度、显色性等）应从光源的选择是否恰当，照明方法是否合理等方面加以审查。

④装饰照明：应从照明灯具的造型和布置所组成图案的装饰效果，光源的亮度、环境气氛，艺术意境以及同建筑风格是否协调等方面进行评价。

⑤配电设备及维护运行：对全部照明配电设备和线路工程的安全可靠性，灯具的清扫，灯泡的更换及灯具的安全性能等方面进行评价。

⑥节能效果：为了有效地节约能源，应尽量采用高效光源和灯具，合理布线，减少电能消耗，在可能的条件下，照明回路内装设照明开关，充分利用自然采光等进行评价。

3. 店面照明

(1) 基本照明方法

1) 确保亮度的照明。在商店入口处适当加大亮度，利用荧光灯发出的均匀、柔和的灯光作为整体照明。为使人们看不见灯管，在光源的下方装设格栅。聚光向下的照明方式，着意表现光的强弱对比，可促使顾客注意店面，进而引导进入店内，在天棚内装设小型投光灯的照明手法，也可收到很好的效果。

2) 获得闪光效果的照明。为了适应顾客心理特点，表现一定的行业特色，采用闪烁的灯光照射店面，这样的照明，把很多本来不准备购买物品的顾客又作为目标，引起他们购买的兴趣。这种照明一般采用简单造型的灯具，通过精心布置显得更加美观、新颖。

3) 获得装饰效果的照明。为了表现商店的豪华气派，可以配置吊顶灯，通过灯具造型美和把它排列成装饰性图案（顶棚面灯具的布置和吊顶的排列），使店面照明富有生气。

(2) 照明要点

1) 为了让人们明显地看出商店的存在，要使店面装饰部分照得明亮，即一般店面的亮度要比店内亮度稍大一些，一般应大 1 ~ 2 倍。

2) 店内透视度的确定。精品店，美容店等重要招待顾客的商店，通常以门或玻璃档板为界，有意识地提高明暗对比，降低店内透视度。

3) 闪光强度要适当控制。在视野内感到极其耀眼灯光或强烈闪烁的光线时，不仅会使人们感到不舒服，而且会影响视力，因此能直接看到闪烁光源的场所，其灯强功率应加以适当控制。

4) 招牌要醒目。商店的招牌作用是不分昼夜地向人们表示商店的存在和经营特点，诱导顾客来店购物，因此，必须十分注意招牌的安装位置和照明手法，即使白天也要注意提高招牌的吸引力。

4. 橱窗照明

(1) 照明方法：参见图 1-1。

1) 依靠强光使商品显眼；

2) 强调商品的立体感、光泽感、材料质感和色彩等；

3) 利用灯饰以引人注目；

4) 使照明状态变化；

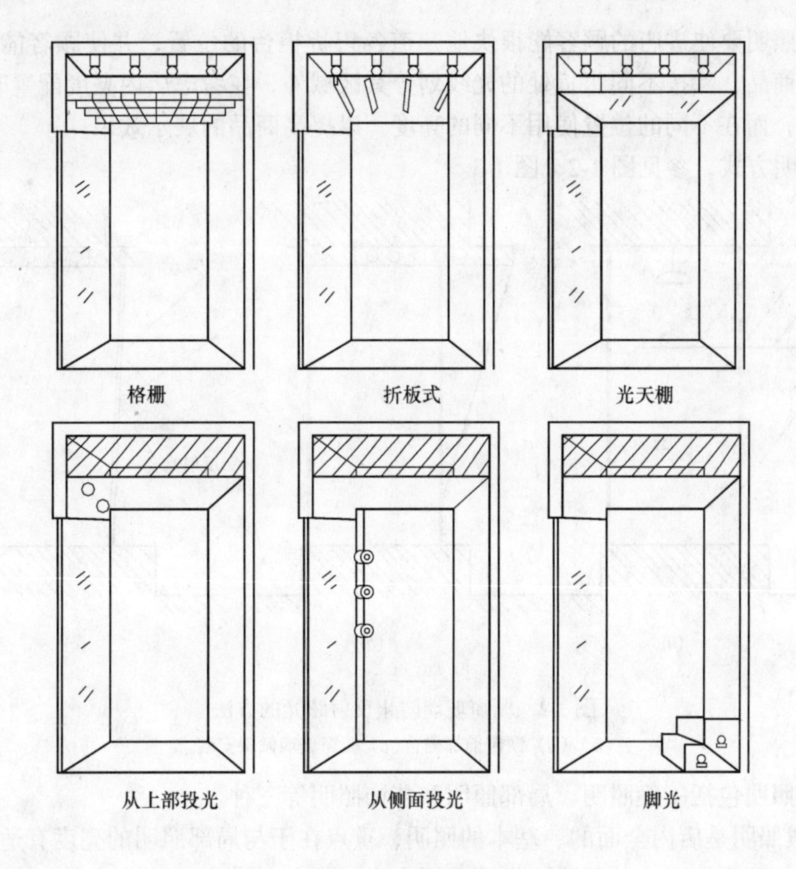

图 1-1　橱窗主要装饰照明方式

5）利用彩色灯光，使商品展示突出。

（2）橱窗照明的设计内容

基本上包括以下四个方面，重要的是根据商品种类、陈列空间的构成以及所要求的照明效果综合使用。

1）基本照明：为了保证橱窗内基本照度的照明，由于白天会出现镜面反光现象，使内部比较难看得清，所以要提高照度水平。

2）聚光照明：采用强烈灯光突出商品的照明方式。要使橱窗内全部商品都光亮时，灯具应采取平埋型配光；而为了重点突出某一部分时，则应采取聚光照明方式，并且要选择能随意变换照射方向的灯具，以适应商品陈列的各种变化要求。

3）强调照明：以装饰用照明灯具，或者利用灯光变化，色彩缤纷的艺术效果，来衬托商品的照明方式，以引起人们的注目。在选择装饰用灯具时，应注意在造型、色彩、图案等方面和陈列商品协调配合。

4）特殊照明：根据不同商品的特点，使之更为有效地表现出来而引人注目的照明方式。从下方照亮商品，以表现轻轻浮起，带飘逸感的脚光照明；从背面照射，突出玻璃制品透明感的后光照明；以及采用柔和的灯光包容起来的撑墙支架板照明方式。灯具安装于顾客看不见的位置。

5. 营业厅照明

（1）店内亮度的配置

营业厅照明要使进店的顾客能很快地知道各售货柜台的位置，并使顾客能顺利走动，选购所需的商品，除按不同售货处的光线划分其区域外，在考虑店内亮度配置时，尽量避免单调均一，而在不同的位置使用不同的亮度，以提高商品的展示效果。

（2）照明方式，参见图 1-2、图 1-3。

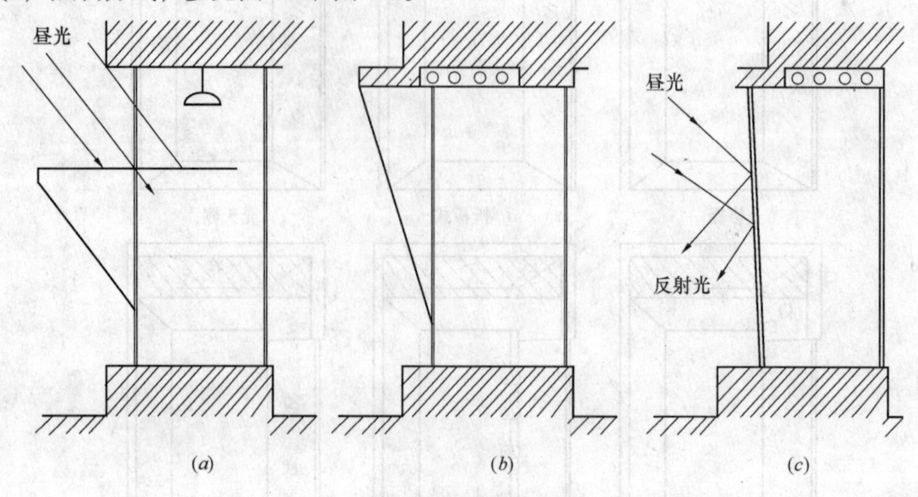

图 1-2 橱窗玻璃防止反射眩光的方法

（a）（b）橱窗前加檐；（c）橱窗玻璃倾斜安装

营业厅照明包括一般照明、局部照明和装饰照明等三种。

1）一般照明是店内全面的、基本的照明，重点在于与局部照明的亮度有适当的比例，给店内形成一种风格，这种照明不但要重视水平面的亮度，也要重视垂直面的亮度，它适合使用比较均匀的、全面的照明灯具。一般采用荧光灯作为光源，由于布灯方案的不同，视觉效果也有差别。店内营业间和主通道上应设计出照明效果不同特色的照明方案以其特征来起标志作用。不同营业柜台可用不同光色、不同亮色、不同布置等方式来加以区别。不同售货场地的顶棚、柱子的装饰也不相同，照明设计应与其统一考虑，有所区别。

2）局部照明对主要商品及其场所进行重点照明，目的在于增强对顾客的吸引力。其亮度为一般照明的 3～5 倍，根据商品种类、形状、大小和陈列方式而定，并采用方向性强的灯具以加强商品的质感和立体感。

3）装饰照明作为商店内装饰，表现空间层次而使用的照明。可使光线更加悦目，可使用装饰性吊灯、壁灯、挂灯等图案统一的系列灯具。使商店的形象统一化，更好地表现有强烈个性的空间艺术。装饰与目的照明灯具不能兼作一般照明或局部照明运用，这样才不会影响商品的陈列效果。

（3）对于导轨灯的数量确定在无确切资料时，可每延长米按 100W 计算。

（4）营业厅照明应采用分组、分区或集中控制方式，应考虑节约电能的措施。条件允许可采用智能照明控制系统。

（5）商店（场）照度标准，参见《建筑照明设计标准》（GB 50034—2004）表 5.2.3。

（6）营业厅的每层面积超过 1500m^2 时应设有应急照明。灯光疏散指示标志宜设置在疏散通道的顶棚下和疏散出入口的上方。商业建筑的楼梯间照明宜按应急照明的要求设计并与楼层层数显示结合。

(7) 对珠宝、首饰等贵重物品的营业厅宜设值班照明和备用照明。

(8) 技术措施

1) 大型商店（场）在进行设计时往往经营者还不能确定柜台的布置及经营品种，而可利用的墙体又很少，根据经验在柱子上预留插座或在柱子四周预留地面插座是可行的。

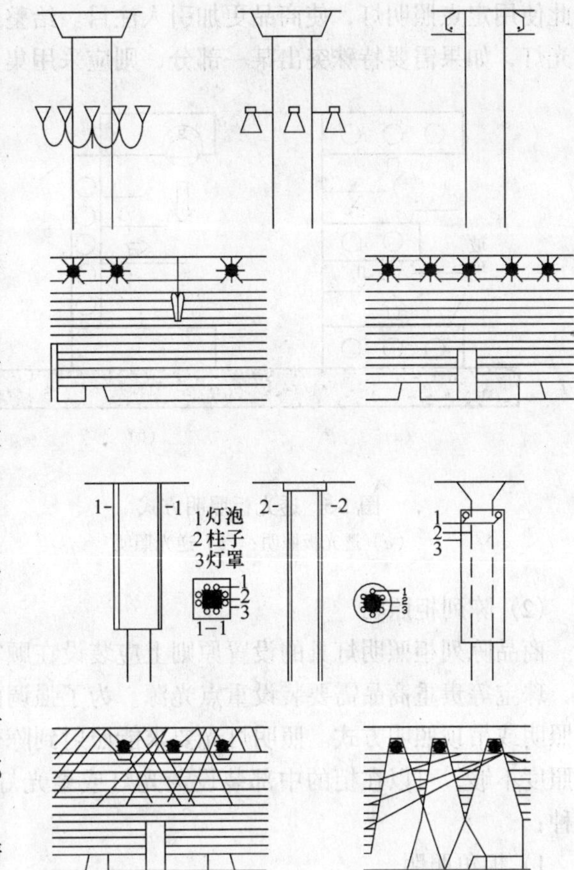

图 1-3 营业厅的常见照明方式

2) 大型商店（场）的吊顶在处理上有许多方案，通常由建筑师来确定，灯具的排布必须与之结合，为了增设局部照明的方便，宜在吊顶内预留电源支路出线口。

3) 由于大型商店（场）的顾客流量大，当照明中断时，可能造成混乱，故应在人流出入口设应急照明。它可起到火灾及停电事故时起疏导作用。

4) 在楼梯或通道处都可能安装商品广告灯箱，因此在这些地方的顶部也宜装设电源插座备用。

5) 在售货厅主要出入口及对外橱窗，商品的展示显得特别重要，因此需采用重点照明及霓虹灯装饰，但由于在不同时期商品更换频繁，故除了固定安装一些显示轮廓的荧光灯管及可转动的射灯外，一般采用预留电源方式，由装潢设计师考虑门头及橱窗的装饰和效果照明。

6. 陈列照明

(1) 陈列架照明

商品陈列架应根据架上陈列的商品，结合销售安排，采用不同照明方式，装设不同层次的照明。

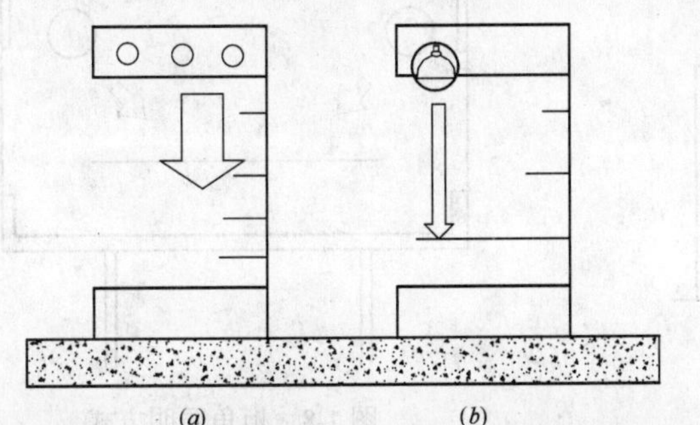

图 1-4 陈列架一般照明方式

(a) 荧光灯照明；(b) 聚光灯照明

1) 陈列架的一般照明方式，为了使全部陈列商品亮度均匀，灯具设置在陈列架的上部或中段，光源可采用荧光灯，也可采用聚光灯照明。参见图 1-4。

2) 为了给商品以轻快的感觉，采用磨砂玻璃透光板的照明手法。另一种采用逆光照明手法，会使玻璃制品更加富有透明感。参见图 1-5。

3) 重点商品必须给以足够的亮度，

因此使用定点照明灯，使商品更加引人注目。给整个陈列面明亮照明时，使用均匀配光的聚光灯，如果需要特殊突出某一部分，则应采用集光度高的聚光灯。参见图 1-6、图 1-7。

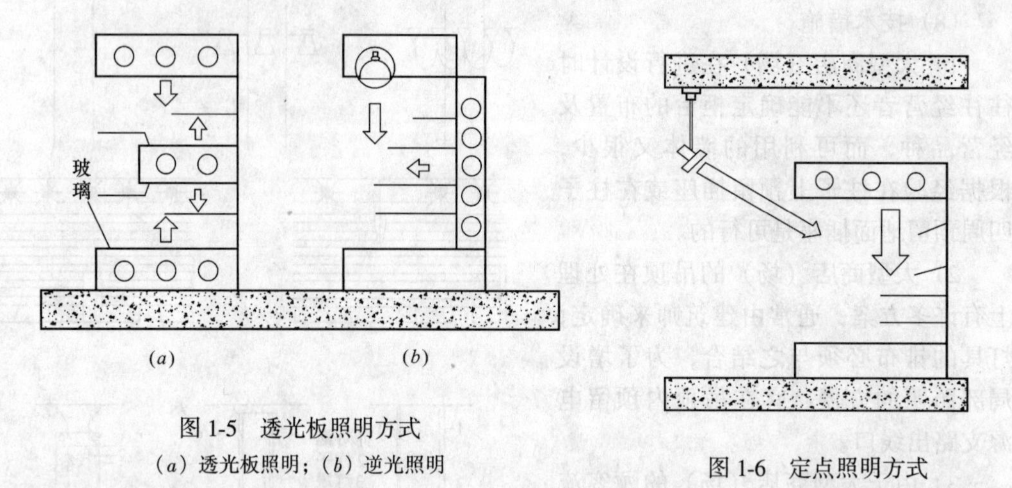

图 1-5　透光板照明方式

（a）透光板照明；（b）逆光照明

图 1-6　定点照明方式

（2）陈列柜照明

商品陈列柜照明灯具的设置原则上应装设在顾客不能直接看到的地方，手表、金银首饰、珠宝等贵重商品需要装设重点光源。为了强调商品的光泽感而需要强光时，可利用定点照明或吊顶照明方式。照明灯光要求能照射到陈列柜下部，对于较高的陈列柜，有时下部照度不够，可以在柜的中部装设荧光灯或聚光灯。商品陈列柜的基本照明手法有以下四种：

1）柜角照明

在柜内拐角处安装照明灯具的照明手法，为了避免灯光直接照射顾客，灯罩的大小尺寸要选配适当，参见图 1-8。

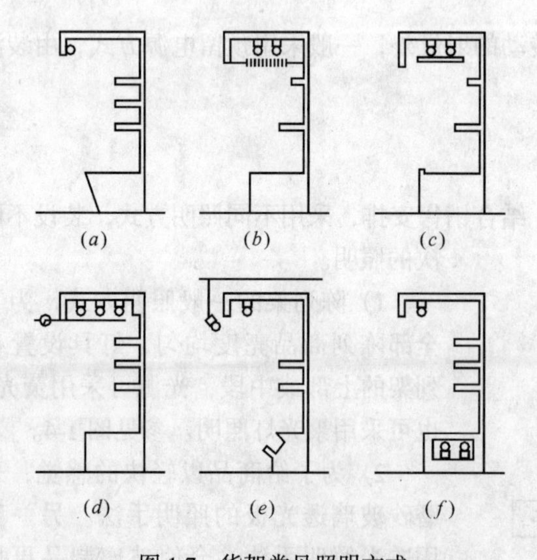

图 1-7　货架常见照明方式

（a）灯管遮蔽；（b）格栅；（c）扩散板；

（d）投光照明；（e）投光照明；（f）从下面照明

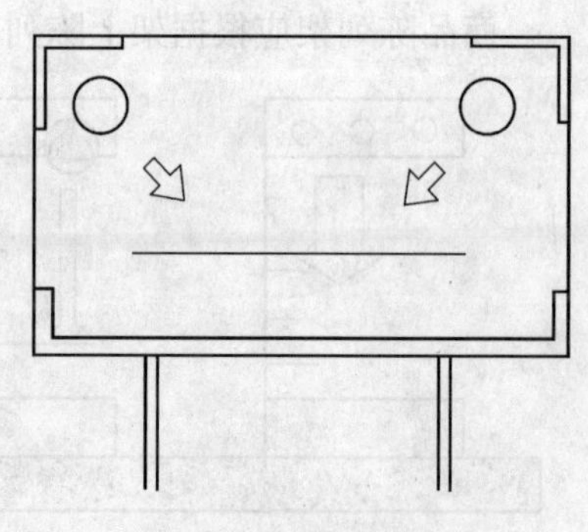

图 1-8　柜角照明方式

2）底灯式照明

对于贵重工艺品和高级化妆品，可在陈列柜的底部装设荧光灯管，利用透光有效地表现商品的形状和色彩，如果同时使用定点照明，更可增加照明效果，显示商品的价值。

3）混合式照明

对于较高的商品陈列柜，仅在上部利用荧光灯照明时，有时下部亮度不够。所以有必要增加聚光灯作为补充，使灯光直接照射底部。

4）下投式照明

当陈列柜不便装设照明灯时，可在顶棚上装设定点照射的下投式照明装置，此时为了不使强烈的反射光耀眼，给顾客带来不适，难于看清商品时，应该结合陈列柜的高度、顶棚高度和顾客站立位置等，正确选定下投式灯具的安装高度和照射方向。

（3）技术措施

1）为了使店内陈列的商品看起来很美，必须考虑一般照明和重点照明亮度的比例，使之取得平衡。重点照明时，必须把垂直面照得明亮以决定照射方向和角度。

2）密闭的陈列柜内多数是使用荧光灯照明的，但有的商品为了表现商品的色彩而需要强光照射时，却要利用白炽灯来实现预想效果，这时因光源（照明器）和商品的距离极为接近，所以必须适当选择光源（低功率的小型灯泡或节能灯），或在照明器前加上遮断热线的玻璃滤光片。以减少辐射热对商品的不良影响。在自然通风不能降低柜内温度时，就需要强制通风。在柜内设置小型风扇，为降低噪声，采用的风扇应尽量用低噪声的。参见图 1-9。

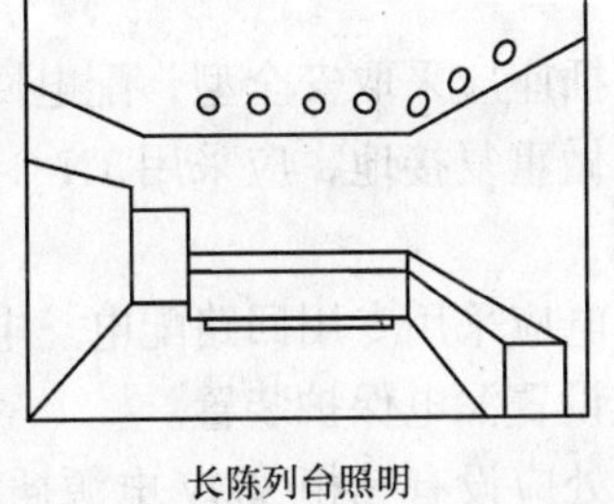
长陈列台照明

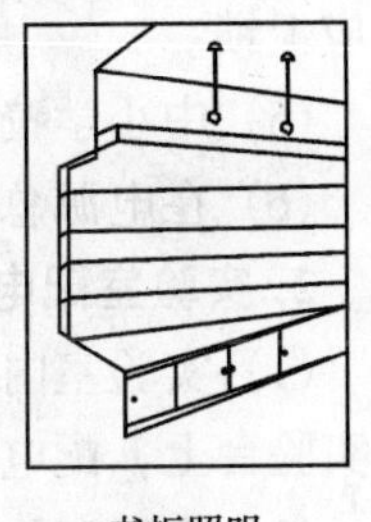
书柜照明

图 1-9　陈列柜照明方式

7. 广告照明

其他照明设备以照亮被照物体为目的，广告照明则要求很好地显示广告本身，产生特殊效果。在广告照明中，常用的光源有白炽灯、卤钨灯、荧光灯、氖灯、LED 等。

（1）氖灯广告

氖灯又称霓虹灯，氖灯管发光是因为管内充有氖气。在两端加上高压的情况下，产生辉光放电所致。氖灯管有透明管、荧光管、着色管及着色荧光管四种，可根据需要选用。如需要氖灯管经常变换图案，必须用氖灯管制成各种图案，采用可编程序控制器按一定顺序接通组成图案的氖灯管即可。氖灯广告控制箱一般装设在氖灯广告牌毗邻的房间内。

（2）光电式广告牌

光电式广告牌是利用许多白炽灯组成各种文字或图形，通过开关电路的变换方式使文字或图形发生变化。这种广告牌能够直接看得见白炽灯，当后面布置抛物线反光镜时，用 15 ~ 25W 灯泡在白昼便能看得清楚，如果要着色，宜用红色，蓝色在白昼看不清楚。在夜间，红、蓝、绿色却看得非常清楚。

（3）内照式广告牌

用乳白色丙烯树脂建造的箱式广告牌，全面装设荧光灯，这种内照式广告牌，与露出骨架的氖灯广告不同，即使在白昼观看，也可以有比较美观的效果。在设计内照式广告牌时，应考虑温度变化和防水措施。因丙烯树脂的实际耐温为80℃，不能使温度超过此值。因为雨水侵入会使电气线路发生短路故障。

1.4 学校电气设计

1. 供电系统

(1) 一般的中小学校宜采用低压供电，照明、电力分别计费。

(2) 教学楼每层设控制开关，首层应设总电源开关。

(3) 教学楼的照明和插座均按照明负荷考虑。教学楼内的配电线路应按教学分区划分支路。每一照明分支回路，其配电范围不宜超过三个教室。教室内电源插座与照明用电应分设不同回路。门厅、走道和楼梯等公共场所照明宜设单独回路。

(4) 学生活动场所的用电设备，应按其位置、形式和高度采取相应的安全措施。配电箱应上锁。

(5) 中小学校的电源插座应采取安全型，配电回路应设置漏电保护装置。

(6) 在电源总进线处做重复接地，应采用TN-C-S接地方式。

2. 实验室配电

(1) 实验室内教学用电应采用专用回路配电。电气实验或非电专业实验室有电气设备的实验台上，配电回路应设置漏电保护装置。

(2) 物理实验室讲桌处应设有三相380V电源插座（为教师演示用)。物理、化学实验室的课桌旁应设单相带接地的安全型插座；语言，微型电子计算机教室宜采用线槽配电。每个实验室应设电源控制箱。

(3) 化学实验室应设排气扇，以排除实验时产生有毒、有味气体。

(4) 各实验准备室宜设1~2个实验电源插座；生物和化学实验准备室宜设电冰箱、恒温箱等电源插座。

(5) 实验用单相电源插座一般选型规格为250V、10A、2+3孔；三相电源插座为380V、16A，线路穿金属管暗敷设。

3. 照明设计要求

(1) 中小学及高等学校普通教室的照度标准参见《建筑照明设计标准》(GB 50034—2004) 表5.2.7。照度均匀度不应低于0.7。

(2) 教室照明宜采用蝙蝠翼式和非对称配电灯具，布置原则采用灯长轴垂直于黑板的方向布置。

(3) 当顶棚高度较低或为阶梯教室时，无论灯具与黑板是平行还是垂直排列，吊挂的灯具都会有比较严重的眩光。因此，采用嵌入顶棚下面开启的灯即与黑板平行布置，会取得较好的效果。阶梯教室顶棚采取折板构造时，可在折板沟槽内平行于黑板的方向装设灯具，效果较好。教室采用荧光灯照明，灯具为组合式结构，灯管下方采用有机玻璃格栅，这样使灯光更柔和，照度也比较均匀，可以避免眩光现象。

(4) 教室黑板前应设黑板灯。其垂直照度的平均值不应低于200lx，黑板面上的照度均匀度不应低于0.7。

（5）光学实验桌上、生物实验室的显微镜实验桌上，以及设有简易天象仪的地理教室课桌上，宜设置局部照明。

（6）教室照明的控制应平行外窗方向顺序设置开关（黑板照明开关应单独装设）。走廊照明宜在上课后可关掉其中部分灯具。

（7）普通教室以及合班教室的前后墙上应各设置一组电源插座。

（8）视听室不宜采用气体放电光源，视听桌上除设有电源开关外宜设有局部照明。供盲人使用的书桌上宜设有安全型电源插座。

（9）在有电视教学的报告厅、大教室等场所，宜设置供记录笔记用的照明和非电视教学时使用的一般照明，一般照明宜采用调光方式。

（10）演播室的演播区，推荐垂直照度（文艺演播）宜在1000～1500lx。演播照明的用电功率，初步设计时可按0.6～0.8kW/m^2估算。当演播室的高度在7m以下时宜采用轨道式布灯，高于7m时则可采用固定式布灯形式。演播室的面积超过200m^2时应设有应急照明。

（11）大阅览室的照明当有吊顶时宜采用暗装的荧光灯灯具。其一般照明宜沿外窗平行方向控制或分路控制。供长时间阅览的阅览室宜设局部照明。

（12）大阅览室内的插座设置宜按不少于阅览座位数的15%装设。

（13）书库照明宜采用窄配光或其他配光适当的灯具。灯具与图书等易燃物的距离应大于0.5m。

（14）书库照明用电源配电箱应有电源指示灯并设于书库之外，书库通道照明应独立设置开关（在通道两端设置可两地控制开关）。

（15）图书馆内的公共照明与工作（办公）区照明宜分开配电和控制。

4. 弱电系统

（1）每个教室和办公室内及走道宜设广播扬声器，扬声器可选3～5W纸盆式，安装高度宜距顶棚0.3～0.5m。

（2）教室的扬声器应和办公室的扬声器分设回路，室外的扬声器也应单独分路。

（3）广播室内需设置广播输入控制盘，输出回路大于四路时宜加设输出分线箱，广播输出控制盘在墙上安装时，底边距地高度一般为1.5m。

（4）广播和通信线路平行敷设时，应满足规范的要求，大于0.3m。

（5）电铃回路应单独敷设；电铃设在室内的直径100mm为宜，设在室外的以直径200mm为宜。电铃的控制应设在传达室。

5. 学校的强电、弱电设计内容与各类建筑基本相同，这里不再详述。

1.5 办公楼电气设计

办公建筑划分为低层或多层办公建筑、高层办公建筑、超高层办公建筑。

1. 供配电系统

（1）低层或多层办公建筑规模比较小，一般采用低压供电，负荷等级基本可按三级考虑。

（2）高层及超高层办公建筑规模比较大，除写字间外，一般还设有相应的服务用房，如地下室有设备用房及车库，设备用房包括变、配电所，水泵房，冷冻站，锅炉房等，裙房部分有金融营业、商业、餐饮、会议室、展厅等。其供配电系统应全面考虑和策划。

①负荷等级：除安防系统、消防系统、通信系统、网络系统、应急照明及计算机系统电源等为一级负荷，生活水泵、普通客梯等为二级负荷外，其他为三级负荷。

②供电电源：一般采用两路独立的10kV电源。高压配电系统为单母线分段，正常运行时，两路电源同时供电，当一路电源故障或停电时，另一路电源能承担全部负荷。

③主要配电干线由变配电所电缆桥架引至电气竖井，不宜设在最底层。

④变配电所一般设在地下一层或地下二层。

⑤负荷计算：可参见表1-1。

设计估算参数表 **表1-1**

序号	建筑物部位名称	负荷密度（W/m²）	需要系数 K_x
1	大堂	80	0.8
2	餐厅	120	0.7
3	厨房	200	0.7
4	咖啡厅	120	0.7
5	酒吧	70	0.6
6	商店	120	0.8
7	会议室	50	0.7
8	展览室	120	1
9	康乐室	70	0.8
10	健身房	60	0.7
11	舞厅	60（舞台灯另加60kW）	0.5
12	办公室	60	0.8
13	多功能厅	120	0.7
14	游泳池	50（循环泵另加20kW）	0.7
15	桑拿	40（桑拿设施另算）	0.8
16	美容理发	120	0.7

⑥随着建筑市场的发展，一般都把一次设计和二次装修分开设计，现在设计院主要进行一次设计，二次装修设计由专业装饰设计公司完成。这就要求一次设计既要符合实际情况，又要备有发展变化的余地，在办公区一般按50～60W/m² 估算。对于裙房部分特殊装修场所，一般预留供电电源。

2. 照明设计要求

(1) 光源：照明应以清洁、明快的原则进行设计，同时考虑节能因素，避免能源浪费，以满足使用要求。室内外照明应选用发光效率高、显色性好、使用寿命长、色温相宜、符合环保要求的光源。

(2) 为保证照明质量，办公室、打字室、设计绘图室、计算机室等宜采用荧光灯具，如选用双抛物面格栅，蝠翼配光曲线的荧光灯灯具。荧光灯为显色指数大于80的三基色的荧光灯。

(3) 办公室建筑照明标准，参见《建筑照明设计标准》(GB 50034—2004) 表 5.2.3。

(4) 办公房间的一般照明宜设计在工作区的两侧，采用荧光灯时宜使灯具纵轴与水平视线相平行。不宜将灯具布置在工作位置的正前方。大开间办公室宜采用与外窗平行的布置形式。

(5) 在难于确定工作位置时，可选用发光面积大、亮度低的双向蝠翼式配光灯具。

(6) 出租办公室的照明和插座，宜按建筑的开间作为基本单元进行布置，以不影响分隔出租使用。

(7) 对餐厅、电梯厅、走道等均采用节能灯；商场、办公室等采用高效能荧光灯；设备用房采用白炽灯、节能灯或荧光灯。

(8) 消防控制室、变配电所、楼梯间、水泵房、保安用房等重要机房的应急照明应按100%考虑；门厅、走道按 30%考虑；其他场所按 10%考虑。各层走道、拐角及出入口均设疏散指示灯，疏散指示灯和标志灯选用应符合消防局的有关规定，并且应急照明持续时间应不小于 20min。

(9) 在有计算机终端设备的办公用房，应避免在屏幕上出现人和实物（如灯具、家具、窗等）的映像，通常应限制灯具下垂线成 50°角以上的亮度不大于 200cd/m^2，其照度可在 300lx（不需阅读文件时）至 500lx（需要阅读文件时）。

(10) 当计算机室设有电视监视设备时，应设值班照明。

(11) 在会议室内放映幻灯或电影时，其一般照明宜采用调光控制。会议室照明设计一般可采用荧光灯（组成光带或光檐）与白炽灯或稀土节能型荧光灯（组成下射灯）相结合的照明形式。

(12) 以集会为主的大会议室会有舞台区照明，可采用顶灯配以台前安装的辅助照明，其水平照度宜为 200-300-500lx，并使平均垂直照度不小于 300lx（指舞台台板上 1.5m 处）。同时在舞台上应设有电源插座，以供移动式照明设备使用。

(13) 多功能的会议室的疏散通道和疏散门，应设置疏散照明。

3. 办公楼的强电、弱电的设计内容与各类建筑基本相同，本节不再详述。

参 考 文 献

1. 戴瑜兴主编．民用建筑电气设计手册．北京：中国建筑工业出版社，2000

2. 陈一才编著．装饰与艺术照明设计安装手册．北京：中国建筑工业出版社，1991

第2章　电气设计常见问题分析

在建筑电气施工图设计中，我们一些设计人员，由于对规程、规范不太熟悉，理解上出现偏差，造成一些不当甚至错误的做法。而制图的疏忽，自校、校对、审核、审定不严格；专业会签不仔细，导致出现了一些问题。针对这些问题进行分析，我们发现只要认真严格一些，是完全可以避免的。有些问题，则需要我们从规程、规范的学习上下点功夫，尤其是一些不属于电气专业的规范，例如施工图设计文件审查中提出的违反了《采暖通风与空气调节设计规范》(GB 50019—2003) 第5.4.6条事故通风的通风机，应分别在室内外便于操作的地点设置电器开关。用黑体字表示是该规范中的强制性条文。这需要我们对其他专业，对电气设计的要求，应有一个清楚的了解。另外就是专业之间配合不密切，管线综合流于形式，导致在施工现场屡屡出现问题，这也是在工程回访中业主方和施工方反映最突出和最尖锐的问题。下面针对近两年来，施工图设计文件审查时发现的问题，工程回访中，业主方、监理、施工单位对我们的设计提出的意见，我们对工程设计中常见的错、漏、碰、缺归纳整理出四个方面的问题，希望引起广大设计人员的重视，在今后的设计中，避免出现类似的错误，进一步提高我们的设计质量。

2.1　供配电系统

1. 在设计制图过程中，由于相互拷贝，又忘了修改，造成断路器的整定值与CT的选择不匹配，如开关整定为50A，而CT则为100/5，导致笔误。

2. 在配电设计中，有的场所其电压等级在规范中有明确的要求，例如电梯井道照明，要求采用36V电压供电；演出场所的化妆台照明，要求供电电压为36V或以下；游泳池水下照明灯用电则为12V；但在设计中，仍然按照220V供电，不满足规范的要求。

有的虽然采用了220/36V供电，但还是习惯于采取220V的配电模式，在配电导线的选择时导致导线偏小，承受不了实际电流值。

3. 在供配电设计中，首要的任务就是确定负荷等级。根据不同的负荷等级，采取相应的供电措施。对于一级负荷，规范中明确要求采用两路供电，并在末端互投。对于机械停车库，规范中明确应按一级负荷供电，可是在设计过程中，却将其负荷等级定为二级，导致供电等级达不到规范的要求。《汽车库、修车库、停车场设计防火规范》(GB 50067—97) 中第9.0.1.1条Ⅰ类汽车库、机械停车设备以及采用升降梯作车辆疏散出口的升降梯用电应按一级负荷供电。

4. 消防用电设备采用专用（单独）的供电回路，这在规范中有明确的要求。

《建筑设计防火规范》(GBJ 16—87)(2001年版) 第10.1.3条 消防用电设备应采用单独的供电回路，并当发生火灾切断生产、生活用电时，应仍能保证消防用电，其配电设备应有明显标志。此处所指的单独供电回路，是指从低压总配电室或分配电室（应是建筑物内第一级配电装置）配至消防设备最末一级配电箱的配电线路，均应与其他配电线路分开设置，并有火灾时不被“切除”的措施保证；在工程设计中，往往发现在这些回路上还接有其他的非消防负荷。甚至在有些设计中，由于消防负荷距配电室较远，容量又不大，干脆就从就近的一般电源上取电，消防负荷与一般负荷混用，而此电源在消防时，又属于需要切除的非消防电源，从而导致消防设备同时断电。正确的做法是消防用电设备的供电回路上不接一般负荷，以提高供电的可靠性。

5. 由于设计的疏忽，对低压侧功率因数补偿的要求不一致，在设计说明中集中功率因数补偿要求不小于 0.95，但在低压配电系统图中，却是按照 0.9 来进行计算。对于功率因数补偿，一般做法是在低压侧采取集中补偿的方法，补偿到功率因数大于或等于 0.9，但在我国不同地区，有的供电部门要求比 0.9 更高些。

6. 对于应急照明的连续供电时间，设计中要求的与规范中所规定的不一致。对于一般的（建筑高度低于 100m）的建筑而言，一般不会出错，应为 20min，但对于高度超过 100m 的建筑，往往还会按照一般建筑来要求，在连续供电的时间上出现了差错，规范规定连续供电时间不应少于 30min。尤其是对于设置有避难层的超高层建筑，超过 100m 的避难层的应急照明连续供电时间，规范要求为不小于 1.00h，并且照度也与一般建筑不同，要求不低于 1.00lx。

《建筑设计防火规范》（GBJ 16—87）（2001 年版）第 10.1.2 条 火灾事故照明和疏散指示标志可采用蓄电池作备用电源，但连续供电时间不应少于 20min。

《高层民用建筑设计防火规范》（GB 50045—95）（2005 年版）第 6.1.13.8 条 避难层应设有应急广播和应急照明，其供电时间不应小于 1.00h，照度不应低于 1.00lx。第 9.2.6 条 应急照明和疏散指示标志，可采用蓄电池作备用电源，且连续供电时间不应少于 20min；高度超过 100m 的高层建筑连续供电时间不应少于 30min。

《消防安全疏散标志设置标准》（DBJ 01—611—2002）第 3.3.1 条 设置电光源型消防安全疏散标志时，应符合下列要求：对于一类高层民用建筑、候机楼、公共交通枢纽、火车站、地铁车站、大中型体育馆和商店及每层建筑面积大于 3000m^2的其他大型公共建筑，地下建筑人防工程，其应急电源的连续供电时间不应小于 30min；对于其他建筑，不应小于 20min。

7. 计算负荷时，三相负荷之间差异超过规范规定的范围时，应折算成三相负荷进行计算。有的设计还是简单地将三个单相负荷相加。

《民用建筑电气设计规范》（JGJ/T 16—92）第 3.4.5 条 单相负荷应均衡分配到三相上，当单相负荷的总容量小于计算范围内三相对称负荷总容量的 15%时，全部按三相对称负荷计算；当超过 15%时，应将单相负荷换算为等效三相负荷，再与三相负荷相加。等效三相负荷可按下列方法计算：

（1）三相负荷时，等效三相负荷取最大相负荷的三倍。

（2）只有线间负荷时，等效三相负荷为：单台时取线间负荷的$\sqrt{3}$倍；多台时取最大线间负荷的$\sqrt{3}$倍加上次大线间负荷的（$3-\sqrt{3}$）倍。

（3）既有线间负荷又有相负荷时，应先将线间负荷换算为相负荷，然后各相负荷分别相加，选取最大相负荷乘 3 倍作为等效三相负荷。

8. 电梯井道、照明、供电及检修插座设置不当，由顶层照明配电箱供电。

《民用建筑电气设计规范》（JGJ/T 16—92）第10.4.3条　每台电梯、自动扶梯和自动人行道应装设单独的隔离电器和短路保护，并设置在机房内便于操作和维修的地点。但该隔离电器和断路器不应切断下述供电电路：

（1）轿厢、机房和滑轮间的照明和通风；

（2）轿顶、底坑的电源插座；

（3）机房和滑轮间内的电源插座；

（4）电梯井道照明；

（5）报警装置。

为此，电梯的工作照明和通风装置以及各处用电插座的电源，宜由机房内电源配电箱（柜）单独供电；厅站指层器照明，宜由电梯自身动力电源供电。

9. 关于人防地下室电力负荷分级问题。

《人民防空地下室设计规范》（GB 50038—2005）第7.2.6条　防空地下室应引接电力系统电源，并宜满足平时电力负荷等级的需要；其供电容量应分别满足平时和战时总计算负荷的需要。当有两路电力系统电源引入时，两路电源宜同时工作，任一路电源均应满足平时一级，消防负荷和不小于50%的正常照明负荷用电需要。电源容量应分别满足平时和战时总计算负荷的需要。常用设备战时电力负荷等级见表2-1。

常用设备战时电力负荷分级别　　表2-1

工程类别	设备名称	负荷等级
中心医院 急救医院	基本通信设备、应急通信设备 柴油电站配套的附属设备 三种通风方式装置系统 主要医疗救护房间内的设备和照明 应急照明	一级
	重要的风机、水泵 辅助医疗救护房间内的设备和照明 洗消用的电加热淋浴器 医疗救护必需的空调、电热设备 电动防护密闭门、电动密闭门和电动密闭阀门 正常照明	二级
	不属于一级和二级负荷的其他负荷	三级
救护站 防空专业队工程 一等人员掩蔽所	基本通信设备、应急通信设备 柴油电站配套的附属设备 应急照明	一级
	重要的风机、水泵 辅助医疗救护房间内的设备和照明 洗消用的电加热淋浴器 完成防空专业队任务必需的用电设备 电动防护密闭门、电动密闭门和电动密闭阀门 正常照明	二级
	不属于一级和二级负荷的其他负荷	三级

续表

工程类别	设备名称	负荷等级
二等人员掩蔽所 生产车间 食品站 区域电站 区域供水站	基本通信设备、音响报警接收设备、应急通信设备 柴油电站配套的附属设备 应急照明	一级
	重要的风机、水泵 三种通风方式装置系统 正常照明 洗消用的电加热淋浴器 区域水源的用电设备 电动防护密闭门、电动密闭门和电动密闭阀门	二级
	不属于一级和二级负荷的其他负荷	三级
物资库 汽车库	基本通信设备、应急通信设备 柴油电站配套的附属设备 应急照明	一级
	重要的风机、水泵 正常照明 电动防护密闭门、电动密闭门和电动密闭阀门	二级
	不属于一级和二级负荷的其他负荷	三级

第7.2.14条　供电系统设计，应符合下列原则：

引接区域内部电源应有固定回路。

第7.3.7条　从低压配电室、电站控制室至每个防护单元的战时配电回路应各自独立。战时内部电源配电回路的电缆穿过其他防护单元时，在穿过的其他防护单元或非防护区内，应采取与受电端防护单元等级相一致的防护措施。

第7.4.2条　通风信号的设置，应符合下列规定：

设有清洁、滤毒式和隔绝式三种通风方式的防空地下室，每个防护单元战时人员主要出入口防护密闭门外侧，应设置有防护能力的音响信号按钮，音响信号应设置在值班室或防化通信值班室内。

用电负荷标准及电度表规格　　表2-2

套　型	用电负荷标准（kW）	电度表规格（A）
一类	2.5	5（20）
二类	2.5	5（20）
三类	4.0	10（40）
四类	4.0	10（40）

10. 关于住宅电度表的选用问题。

《住宅设计规范》（GB 50096—1999）（2003年版）第6.5.1条　每套住宅应设电度表。每套住宅的用电负荷标准及电度表规格，不应小于表2-2的规定。

11. 关于住宅的供电设计问题。

《住宅设计规范》（GB 50096—1999）（2003年版）第6.5.2条　住宅供电系统的设计，应符合下列基本安全要求：

（1）应采用TT、TN-C-S或TN-S接地方式，并进行总等电位联结；

(2) 电气线路应采用符合安全和防火要求的敷设方式配线，导线应采用铜线，每套住宅进户线截面不应小于 $10mm^2$，分支回路截面不应小于 $2.5mm^2$；

(3) 每套住宅的空调电源插座、电源插座与照明，应分路设计；厨房电源插座和卫生间电源插座宜设置独立回路；

(4) 除空调电源插座外，其他电源插座电路应设置漏电保护装置；

(5) 每套住宅应设置电源总断路器，并应采用可同时断开相线和中性线的开关电器；

(6) 设置洗浴设施的卫生间应作局部等电位联结；

(7) 每幢住宅的总电源进线断路器，应具有漏电保护功能。

2.2 变、配电所

1. 在变电所低压配电系统功率因数补偿装置设计中，所选择的开关、熔断器以及导体等，其容量选择不合适，不满足规范中的要求。

《10kV 及以下变电所设计规范》（GB 50053—94）第 3.1.1 条　配电装置的布置和导体、电器、架构的选择，应符合正常运行、检修、短路和过电压等情况的要求。第 5.1.2 条　电容器装置的开关设备及导体等载流部分的长期允许电流，高压电容器不应小于电容器额定电流的 1.35 倍，低压电容器不应小于电容器额定电流的 1.5 倍。

2. 在安全超低压回路采用隔离变压器时，有的设计没有认真考虑隔离变压器一次侧的保护灵敏度；出错较多的则是安全超低压回路导线额定负荷能力满足不了安全隔离变压器的额定容量，有的甚至是以 220V 配电方式选择导线，更无法满足规范所规定的要求。

《民用建筑电气设计规范》（JGJ/T 16—92）第 8.3.9 条　当安全超低压回路是由安全隔离变压器供电且无分支回路时，其线路的短路保护和过负荷保护可以由装设在变压器一次侧的保护电器来完成，但必须同时满足下列条件：

(1) 安全超低压回路末端发生短路时，一次侧保护电器应有第 8.6 节所规定的足够灵敏度使之动作；

(2) 安全超低压回路导线额定负荷能力不应小于安全隔离变压器的额定容量。

2.3 低压配电系统

1. 在配电系统中所选择的开关电器，没有进行短路情况下的动热稳定校验，导致有的地方所选用的开关电器满足不了短路情况下的动热稳定的要求，其结果是一旦发生短路，开关电器由于短路容量不够而发生严重后果。例如在有的配电系统的设计中，在变配电所的低压配电系统中，由于有的回路所带的负荷较小，不到 10kW，其计算电流也不到 20A，有的人在选用断路器时采用了微型断路器。以一台 1000kVA 的变压器为例，在低压母线侧的短路容量为 24kA 左右，而微型断路器的短路容量最大的才到 10kA，根本满足不了短路容量的要求。另外对于所带的电动机负荷，在短路时什么情况需要考虑电动机反馈电流的影响，规范中也有明确的规定。

《民用建筑电气设计规范》（JGJ/T 16—92）第 8.5.2.5 条　电器应满足短路条件下的动稳定与热稳定。断开短路电流的电器，应满足短路条件下的通断能力。

《低压配电设计规范》(GB 50054—95) 第 4.2.1 条　配电线路的短路保护，应在短路电流对导体和连接件产生的热作用和机械作用造成危害之前切断短路电流。第 2.1.2 条　验算电器在短路条件下的通断能力，应采用安装处预期短路电流周期分量的有效值，当短路点附近所接电动机额定电流之和超过短路电流的 1% 时，应计入电动机反馈电流的影响。

2. 在配电电缆路由设计中，有的设计人员忽略了正常电源和备用电源的路由设计应考虑的因素，有的将两个电源回路敷设在同一线槽内，而且中间未采取任何隔离措施，或者将两个电源同时进入中间过渡箱内。这种做法容易导致两个电源同时受到损坏，从而导致供电中断。

《供配电系统设计规范》(GB 50052—95) 第 2.0.2 条　规定，当一个电源发生故障时，另一个电源不应同时受到损坏。

(1) 工作电源与备用电源的电缆不应敷设在同一线槽内，当必须敷设在同一个线槽内时，采用金属隔板隔开；

(2) 在双电源切换前的两个电源不允许同时进入中间级电源箱，只能在末端的电源切换箱内进行切换。

3. 对于正常电源和应急电源之间，如何防止误并列运行的措施，在设计说明和图纸中应有明确的要求，不能仅简单地提出应采取防误并列措施。应对柴油发电机的自启动条件，各主开关的电气、机械连锁条件，以及主开关必须配置的附件，用钥匙开关做机械连锁的应给出相互之间的连锁关系，选用几极的 ATSE 等等。当两路市电均断电时，柴油发电机自启动信号应由正常电源开关的辅助接点发出。

《供配电系统设计规范》(GB 50052—95) 第 3.0.2 条　应急电源与正常电源之间必须采取防止并列运行的措施。

4. 在住宅中单相插座回路装设的漏电断路器，应采用双极 (2P 或 1P + N)，住宅楼总开关装设的防电气火灾漏电断路器，应采用 4 极 (4P 或 3P + N)，由于民用建筑中多为单相负荷，其三相负荷不可能完全平衡，N 线属带电导线。在不能确保 N 线为地线的情况下，断路器就必须将其与相线同时断开，以保证安全，且在配电系统图上注明极数。而在有的设计中，住宅楼总开关装设的防电气火灾三相漏电断路器，未采用 4 极；单相插座回路装设的漏电断路器，未采用双极。

《低压配电设计规范》(GB 50054—95) 第 4.5.6 条　在 TT 或 TN-S 系统中，N 线上不宜装设电器将 N 线断开，当需要断开 N 线时，应装设相线和 N 线一起切断的保护电器。当装设漏电电流动作的保护电器时，应能将其所保护的回路所有带电导线断开。在 TN 系统中，当能可靠地保持 N 线为地电位时，N 线可不需断开。在 TN-C 系统中，严禁断开 PEN 线，不得装设断开 PEN 线的任何电器。当需要在 PEN 线装设电器时，只能相应断开相线回路。

5. 配电系统上下级配合出错，下级开关的整定值大于上级开关的整定值。有的选用的电缆或导线与开关整定值不匹配，有的载流量不够，有的却大出许多级。有的断路器的整定值与计算电流之间不符合规范中的要求。

《低压配电设计规范》(GB 50054—95) 第 2.2.2 条　选择导体截面，应符合下列要求：

(1) 线路电压损失应满足用电设备正常工作及启动时端电压的要求；

（2）按敷设方式及环境条件确定的导体载流量，不应小于计算电流；

（3）导体应满足动稳定与热稳定的要求；

（4）导体最小截面应满足机械强度的要求，固定敷设的导线最小芯线截面应符合表2-3的规定。

固定敷设的导线最小芯线截面　　　　**表 2-3**

敷设方式			最小线芯截面（mm^2）	
			铜芯	铝芯
裸导线敷设于绝缘子上			10	10
绝缘导线敷设于绝缘子上	室内 $L \leqslant 2m$		1.0	2.5
	室外 $L \leqslant 2m$		1.5	2.5
	室内外	$2 < L \leqslant 6m$	2.5	4
		$2 < L \leqslant 16m$	4	6
		$16 < L \leqslant 25m$	6	10
绝缘导线穿管敷设			1.0	2.5
绝缘导线槽板敷设			1.0	2.5
绝缘导线线槽敷设			0.75	2.5
塑料绝缘护套导线扎头直敷			1.0	2.5

注：L 为绝缘子支持点间距

第 4.1.2 条　配电线路采用的上下级保护电器，其动作应具有选择性；各级之间应能协调配合。但对于非重要负荷的保护电器，可采用无选择性切断。

6. 对一些小容量的电机，如 0.75kW、0.55kW、0.37kW、0.25kW，其热保护继电器设定值都一样，应该根据计算电流来选定。

《低压配电设计规范》（GB 50054—95）第 4.2.3 条　当保护电器为符合《低压断路器》（JB 1284—85）的低压断路器时，短路电流不应小于低压断路器瞬时或短延时过电流脱扣器整定电流的 1.3 倍。

第 4.3.4 条　过负载保护电器的动作特性应同时满足下列条件：

$$I_B \leqslant I_N \leqslant I_Z \quad (2\text{-}1)$$

$$I_2 \leqslant 1.45 I_Z \quad (2\text{-}2)$$

式中　I_B——线路计算负载电流（A）；

I_N——熔断器熔体额定电流或断路器额定电流或整定电流（A）；

I_Z——导体允许持续载流量（A）；

I_2——保证保护电器可靠动作的电流（A）。当保护电器为低压断路器时，I_2为约定时间内的约定动作电流；当为熔断器时，I_2为约定时间内的约定熔断电流。

第 4.3.5 条　突然断电比过负载造成的损失更大的线路，其过负载保护应作用于信号而不应作用于切断电路。

7. 交流电动机的过载保护选择不正确。

《民用建筑电气设计规范》（JGJ/T 16—92）第 10.2.2.4 条　交流电动机的过载保护，

应按下列规定装设：

过载保护器件的动作特性应与电动机的过载特性相配合。当电动机正常运行、正常启动或自启动时，保护器件不应误动作。保护器件的额定电流或整定电流宜按下列要求选择：

保护器件的整定电流：对1型器件（整定电流由电动机的满载电流选定）不应小于电动机的额定电流；对2型器件（整定电流就是最终动作电流）应为电动机额定电流的120%～130%。必要时，可在启动过程的一定时限内短接或切除过载保护器件。

8. 有些配电回路开关整定值与计算电流相差较大，在一些配电系统中，开关的整定值与ATSE的额定电流值不匹配，ATSE的额定电流小于开关的整定值。又如在有些配电回路，设置了3个CT而只设一块电流表，反之，有的仅有1个CT，却设置了3块电流表。

9. 消防设备配电的两个回路，主、备用回路所用的开关极数不一致，一个3级，另一个4级。电开水器的漏电开关采用的极数不对，按要求应为4极。单相、三相漏电断路器均未注明漏电动作电流值。

《民用建筑电气设计规范》（JGJ/T 16—92）第14.3.11条　漏电电流动作保护装置动作电流宜按下列数值选择：

(1) 手握式用电设备为15mA。

(2) 环境恶劣或潮湿场所的用电设备（人高空作业、水下作业等处）为6～10mA。

(3) 医疗电气设备为6mA。

(4) 建筑施工工地的用电设备为15～30mA。

(5) 家用电器回路为30mA。

(6) 成套开关柜、分配电盘等为100mA以上。

(7) 防止电气火灾为300mA。

10. 在电机主回路未装设隔离电器。

《通用用电设备配电设计规范》（GB 50055—93）第2.5.1条　隔离电器的装设应符合下列规定：

(1) 每台电动机的主回路上应装设隔离电器，当符合下列条件之一时，数台电动机可共用一套隔离电器：

①共用一套短路保护电器的一组电动机；

②由同一配电箱（屏）供电且允许无选择地断开的一组电动机。

(2) 隔离电器宜装设在控制电器附近或其他便于操作和维修的地点。无载开断的隔离电器应能防止无关人员误操作。

11. 电动机控制按钮装设位置不当。

《通用用电设备配电设计规范》（GB 50055—93）第2.6.3条　电动机的控制按钮或开关，宜装设在电动机附近便于操作和观察的地点。当需在不能观察电动机或机械的地点进行控制时，应在控制点装设指示电动机工作状态的灯光信号或仪表。

为保障人员安全和方便维修，屋顶排风机附近应设有应急断电开关或自锁式按钮。

第2.6.4条　自动控制或连锁控制的电动机，应有手动控制和解除自动控制或连锁控制的措施；远方控制的电动机，应有就地控制和解除远方控制的措施；当突然启动可能危及周围人员安全时，应在机械旁装设启动预告信号和应急断电开关或自锁式按钮。

12. 保护电器的装设位置不妥。

《低压配电设计规范》（GB 50054—95）第4.5.6条　在TT或TN-S系统中，N线上不宜装设电器将N线断开。当需要断开N线时，应装设相线和N线一起切断的保护电器。

当装设漏电电流动作的保护电器时，应能将其所保护的回路所有带电导线断开。在TN系统中，当能可靠地保持N线为地电位时，N线可不需断开。

在TN-C系统中，严禁断开PEN线，不得装设断开PEN线的任何电器，当需要在PEN线装设电器时，只能相应断开相线回路。

2.4　电缆线选择及敷设

1. 在高层建筑或大型民用建筑中，其电线和电缆的防火问题十分重要，考虑到高层建筑发生火灾时扑救困难以及大型民用建筑中火灾的严重后果，规范要求在这些建筑中的电缆沟道、隧道、夹层、竖井、室内桥架和吊顶敷设的电缆，其绝缘或护套应具有非延燃性。这样可在建筑中万一发生火灾时，不至于由于电缆在燃烧时发生的烟气或毒性，造成更大的伤亡。

《民用建筑电气设计规范》（JGJ/T 16—92）第8.4.14条　沿高层或大型民用建筑的电缆沟道、隧道、夹层、竖井、室内桥架和吊顶敷设的电缆，其绝缘或护套应具有非延燃性。

2. 线路选择及敷设，对于消防线路明敷时，需进行防火处理，但设计中未作任何说明和要求。较多根电缆敷设在线槽内，电缆的载流量应降容使用，而设计中没有予以考虑。标注时出现错误，如电缆芯数，4芯标成5芯，5芯标成4芯。尤其是在照明设计平面图中，导线标注错误更多，特别是采用双控开关时，出错的几率更大。矿物绝缘电缆（BTTZ）不必采用防火桥架敷设。

《建筑设计防火规范》（GBJ 16—87）（2001年版）第10.1.4条　消防用电设备的配电线路应穿管保护。当暗敷时应敷设在非燃烧体结构内，其保护层厚度不应小于3cm，明敷时必须穿金属管，采取防火保护措施。当采用绝缘和护套为非延燃性材料的电缆时，可不采取穿金属管保护，但应敷设在电缆井沟内。

2.5　建筑智能化系统

1. 套房卫生间应设非直通电话接线盒。

《北京市住宅区与住宅楼房电信设施设计技术规定》（DBJ 01—601—99）第2.0.4条　楼房内的暗管末端，应敷设到每套住宅内。并应满足下列要求：

(1) 建筑施工时，应在电信部门布放电缆的暗管内穿放一根直径为2.0mm的镀锌钢丝。

(2) 建筑施工时，应在布放通信线的暗管内布放好通信暗线，暗管内不得做线的接续，各出线口处应安装暗线插座。

(3) 每套住宅的起居室必须设过路盒（或出线口），居室设直通暗线时必须经过此过路盒布设；居室设非直通暗线时，另一端应甩在过路盒中；卫生间应设非直通暗线，另一端甩在过路盒中。

2. 消防负荷等级划分，设计说明不明确。

《高层民用建筑设计防火规范》（GB 50045—95）第9.1.1条　高层建筑的消防控制室、消防水泵、消防电梯、防烟排烟设施、火灾自动报警、自动灭火系统、应急照明、疏散指示灯和电动的防火门、窗、卷帘、阀门等消防用电，应按现行的国家标准《工业与民用供电系统设计规范》的规定进行设计，一类高层建筑应按一级负荷要求供电，二类高层建筑应按二级负荷要求供电。第9.1.3条　消防用电设备应采用专用的供电回路，其配电设备应设有明显标志。其配电线路和控制回路宜按防火分区划分。

3. 高层建筑应急照明的设置原则。

《高层民用建筑设计防火规范》（GB 50045—95）（2005年版）第9.2.1条　高层建筑的下列部位应设置应急照明：第9.2.1.2款　配电室、消防控制室、消防水泵房、防烟排烟机房、供消防用电的蓄电池室、自备发电机房、电话总机房以及发生火灾时仍需坚持工作的其他房间。在火灾时需要继续工作的场所，应急照明应满足连续工作的要求。第9.2.2条　疏散用的应急照明，其地面最低照度不应低于0.5lx。消防控制室、消防水泵房、防烟排烟机房、配电室和自备发电机房、电话总机房以及发生火灾时仍需坚持工作的其他房间的应急照明，仍应保证正常照明的照度。

4. 安全出口门上未设疏散指示灯。

《高层民用建筑设计防火规范》（GB 50045—95）（2005年版）第9.2.3条　除二类居住建筑外，高层建筑的疏散走道和安全出口处应设灯光疏散指示标志。

5. 有关火灾自动报警系统的设置问题。

《高层民用建筑设计防火规范》（GB 50045—95）（2005年版）第9.4.2条　除住宅、商住楼的住宅部分、游泳池、溜冰场外，建筑高度不超过100m的一类高层建筑的下列部位应设置火灾自动报警系统：第9.4.2.11款　走道、门厅、可燃物品库房、空调机房、配电室、自备发电机房。

《建筑设计防火规范》（GBJ 16—87）（2001年版）第10.3.1条　建筑面积大于500m^{2}的地下商店应设火灾自动报警装置。

6. 地下车库疏散指示标志设置不明确。

《消防安全疏散标志设置标准》（DBJ 01—611—2002）第3.3.8条　车库的车辆和人员疏散通道和疏散出口上应分别设置消防安全疏散标志。

7. 安全疏散指示标志灯设计安装的高度不对，按要求应在1.0m以下，由于火灾时，烟气往上，使人员逃生能看到指示标志，不至于被烟气所遮挡。走廊疏散标志灯至安全出口标志灯的间距大于规范的要求。

《消防安全疏散标志设置标准》（DBJ 01—611—2002）第3.4.3条　疏散走道上的消防安全疏散指示标志（不含设置在地面上的消防安全疏散指示标志或疏散导流带）宜设在疏散走道及其转角处距地面高度1.0m以下的墙面或地面上，且应符合下列要求：

(1) 当设置在墙面上时，其间距不应大于10m；

(2) 当设置在地面上时，其间距不应大于5m；

(3) 当与疏散导流标志联合设置时，其底边应高与疏散导流标志上边缘5cm；

(4) 当联合设置电光源型和蓄光型标志时，灯光型标志的间距应符合本规范第 3.3.1 条 的规定，蓄光型标志的间距应符合视觉连续的要求。

8. 有关高层建筑屋面消防电梯与消防送风机、排烟风机、稳压泵、非消防电梯可否由同一双路电源切换箱放射供电的问题，以及地下室同一防火分区不同位置的消防送风机、排烟风机，防火卷帘等消防设备可否由同一双路电源切换箱放射供电的问题。地下室排污泵可否视为消防设备；生活泵与消防泵共室布置时，生活泵能否与消防泵由同一双路电源切换箱放射供电的问题。

《高层民用建筑设计防火规范》(GB 50045—95)(2005 年版) 第 9.1.2 条　高层建筑的消防控制室、消防水泵、消防电梯、防烟排烟风机等的供电，应在最末一级配电箱处设置自动切换装置。第 9.1.3 条　消防用电设备应采用专用的供电回路，其配电设备应设有明显标志。其配电线路和控制回路宜按防火分区划分。

《建筑设计防火规范》(GBJ 16—87)(2001 年版) 第 10.1.3 条　消防用电设备应采用单独的供电回路，并当发生火灾切断生产、生活用电时，应仍能保证消防用电，其配电设备应有明显标志。

9. 防火卷帘下降分两种情况，一种是在疏散通道上，应设置感烟和感温探测器组，感烟探测器动作报警后，下降到距地 1.8m，当感温探测器动作后，再下降到底。而对于非疏散通道上，仅用于火灾隔离的防火卷帘门，不必设置两种探测器，仅需设置感烟探测器即可。当感烟探测器动作报警后，一次下降到底。

《火灾自动报警系统设计规范》(GB 50116—98) 第 6.3.8.2 条　疏散通道上的防火卷帘，应按下列程序自动控制下降：

(1) 感烟探测器动作后，卷帘下降至距地（楼）面 1.8m；

(2) 感温探测器动作后，卷帘下降到底。

10. 发电机房、储油间采用的探测器和探测手段不对，发电机房应采用感烟和感温探测器，而储油间仅用感温探测器即可。

11. 与消防有关的风机设备，过负荷时不应切断电源，仅作用于报警。

《低压配电设计规范》(GB 50054—95) 第 4.3.5 条　突然断电比过负载造成的损失更大的线路，其过负载保护应作用于信号而不应作用于切断电路。

12. 消防出口标志灯支路不应跨过防火分区。

《民用建筑电气设计规范》(JGJ/T 16—92) 第 24.9.14 条　消防用电设备配电系统的分支线路不应跨越防火分区，分支干线不宜跨越防火分区。

13. 为保证干式预作用系统有压充气管道迅速排气，快速排气阀入口前的电动阀应在启动供水泵的同时开启。

14. 湿式系统、干式系统的喷头动作后，应由压力开关直接连锁自动启动供水泵。

预作用系统、雨淋系统及自动控制的水幕系统，应在火灾报警系统报警后，立即自动向配水管道供水。

15. 火灾自动报警保护对象定级不对，每层建筑面积超过 3000m^{2}的展览馆等应定为一级。有的设计说明中却定为二级。

《火灾自动报警系统设计规范》(GB 50116—98) 第 3.1.1 条　火灾自动报警系统的保护对象应根据其使用性质、火灾危险性、疏散和扑救难度等分为特级、一级和二级，并宜符合表 2-4 的规定。

16. 住宅设计中，门控设备设置位置不对。图中一层楼梯间的门控设备只能控制由地下层经楼梯步行到地上层的人员，但控制不了由地下室乘电梯上到地上层的人员，在设计中应全面考虑，对所有出入口进行控制，才能满足安防要求。

火灾自动报警系统保护对象分级　　表 2-4

<table>
<tr><th>等　级</th><th colspan="2">保　护　对　象</th></tr>
<tr><td>特　级</td><td colspan="2">建筑高度超过 100m 的高层民用建筑</td></tr>
<tr><td rowspan="4">一级</td><td>建筑高度不超过 100m 的高层民用建筑</td><td>一类建筑</td></tr>
<tr><td>建筑高度不超过 24m 的民用建筑及建筑高度超过 24m 的单层公共建筑</td><td>1.200 床及以上的病房楼，每层建筑面积 1000m^2及以上的门诊楼；
2. 每层建筑面积超过 3000m^2的百货楼、商场、展览楼、高级旅馆、财贸金融楼、电信楼、高级办公楼；
3. 藏书超过 100 万册的图书馆、数据库；
4. 超过 3000 座位的体育馆；
5. 重要的科研楼、资料档案楼；
6. 省级（含计划单列市）的邮政楼、广播电视楼、电力调度楼、防灾指挥调度楼；
7. 重点文物保护场所；
8. 大型以上的影剧院、会堂、礼堂</td></tr>
<tr><td>工业建筑</td><td>1. 甲、乙类生产厂房；
2. 甲、乙类物品库房；
3. 占地面积或总建筑面积超过 1000m^2的丙类物品库房；
4. 总建筑面积超过 1000m^2的地下丙、丁类生产车间及物品库房</td></tr>
<tr><td>地下民用建筑</td><td>1. 地下铁道、车站；
2. 地下电影院、礼堂；
3. 使用面积超过 1000m^2的地下商场、医院、旅馆、展览厅及其他商业及公共活动场所；
4. 重要的实验室、图书、资料、档案库</td></tr>
<tr><td rowspan="4">二级</td><td>建筑高度不超过 100m 的高层民用建筑</td><td>二类建筑</td></tr>
<tr><td>建筑高度不超过 24m 的民用建筑</td><td>1. 设有空气调节系统的或每层建筑面积超过 2000m^2、但不超过 3000m^2的商业楼、财贸金融楼、电信楼、展览楼、旅馆、办公楼，车站、海河客运站、航空港等公共建筑及其他商业或公共活动场所；
2. 市、县级的邮政楼、广播电视楼、电力调度楼、防灾指挥调度楼；
3. 中型以下的影剧院；
4. 高级住宅；
5. 图书馆、书库、档案楼</td></tr>
<tr><td>工业建筑</td><td>1. 丙类生产厂房；
2. 建筑面积大于 50m^2，但不超过 1000m^2的丙类物品库房；
3. 总建筑面积大于 50m^2，但不超过 1000m^2的地下丙、丁类生产车间及地下物品库房</td></tr>
<tr><td>地下民用建筑</td><td>1. 长度超过 500m 的城市隧道；
2. 使用面积不超过 1000 m^2的地下商场、医院、旅馆、展览厅或其他商业及公共活动场所</td></tr>
</table>

注：1. 一类建筑、二类建筑的划分，应符合现行国家标准《高层民用建筑设计防火规范》GB 50045—95 的规定；
2. 本表未列出的建筑的等级可按同类建筑的类比原则确定。

17. 强电和弱电设计不交圈，配合不密切。如火灾停相关部位的空调及一般照明（火灾自动报警及消防联动控制系统的要求），但在强电设计中，不具备此功能，无法满足要求。

18. 有些地方（如一层下面的夹层）未设计火灾探测器。

《火灾自动报警系统设计规范》（GB 50116—98）第3.2.2条　火灾探测器的设置应符合国家现行有关标准、规范的规定，具体部位可按本规范建议性附录D采用。附录D中列出了：

D.1 特级保护对象（D.1.1）

D.2 一级保护对象（D.2.1～D.2.32）

D.3 二级保护对象（D.3.1～D.3.19）

19. 采用燃气加工的厨房或加工间漏设可燃气体探测器。

《火灾自动报警系统设计规范》（GB 50116—98）第7.1.1.5条　对使用、生产或聚集可燃气体或可燃液体蒸气的场所，应选择可燃气体探测器。

20. 一些规范中规定应设置消防电话专用电话分机的地方，未设置专用电话分机。应设置手动报警按钮未设置。

《火灾自动报警系统设计规范》（GB 50116—98）第5.6.3.1条　下列部位应设置消防专用电话分机：

（1）消防水泵房、备用发电机房、配变电室、主要通风和空调机房、排烟机房、消防电梯机房及其与消防联动有关的且经常有人值班的机房。

（2）灭火控制系统操作装置处或控制室。

（3）企业消防站、消防值班室、总调度室。

第8.3.1条　每个防火分区应至少设置一个手动火灾报警按钮。从一个防火分区内的任何位置到最邻近的一个手动火灾报警按钮的距离不应大于30m。手动火灾报警按钮宜设置在公共活动场所的出入口处。

21. 有线电视主干75－9所用的管径不对，不应采用SC25，而应采用SC32。

《北京市住宅区及住宅建筑有线广播电视设施设计规定》（DBJ 01—606—2000），在附录E设计举例二：多层楼房有线广播电视电缆分配网示意图的说明中第4条：干线采用SC32，分支采用SC20。

22. 区域报警系统、线性火灾探测器的设置及手动报警按钮的设置，以及消防联动的关系，概念不清楚。

（1）《火灾自动报警系统设计规范》（GB 50116—98）第5.2.2条　区域报警系统的设计，应符合下列要求：

1）一个报警区域宜设置一台区域火灾报警控制器或一台火灾报警控制器，系统中区域火灾报警控制器或火灾报警控制器不应超过两台。

2）区域火灾报警控制器或火灾报警控制器应设置在有人值班的房间或场所。

3）系统中可设置消防联动控制设备。

4）当用一台区域火灾报警控制器或一台火灾报警控制器警戒多个楼层时，应在每个楼层的楼梯口或消防电梯前室等明显部位，设置识别着火楼层的灯光显示装置。

5）区域火灾报警控制器或火灾报警控制器安装在墙上时，其底边距地面高度宜为1.3～1.5m，其靠近门轴的侧面距墙不应小于0.5m，正面操作距离不应小于1.2m。

（2）消防水泵、防烟和排烟风机的控制设备当采用总线编码模块控制时，还应在消防控制室设置手动直接控制装置。

(3) 火灾应急广播扬声器的设置，应符合下列要求：

民用建筑内扬声器应设置在走道和大厅等公共场所。每个扬声器的额定功率不应小于3W，其数量应能保证从一个防火分区内的任何部位到最近一个扬声器的距离不大于25m。走道内最后一个扬声器至走道末端的距离不应大于12.5m。

(4) 电话分机或电话塞孔的设置，应符合下列要求：

下列部位应设置消防专用电话分机：

1) 消防水泵房、备用发电机房、配变电室、主要通风和空调机房、排烟机房、消防电梯机房及其他与消防联动控制有关的且经常有人值班的机房。

2) 灭火控制系统操作装置处或控制室。

3) 企业消防站、消防值班室、总调度室。

(5) 火灾自动报警系统接地装置的接地电阻值应符合下列要求：

采用共用接地装置时，接地电阻值不应大于1Ω。

(6) 专用接地干线应采用铜芯绝缘导线，其线芯截面面积不应小于25mm²。专用接地干线宜穿硬质塑料管埋设至接地体。

(7) 消防控制室的控制设备应有下列控制及显示功能：

1) 控制消防设备的启、停，并应显示其工作状态；

2) 消防水泵、防烟和排烟风机和启、停，除自动控制外，还应能手动直接控制；

3) 显示火灾报警、故障报警部位。

(8) 消防控制设备对室内消火栓系统应有下列控制、显示功能：

1) 控制消防水泵的启、停；

2) 显示消防水泵的工作、故障状态；

3) 显示启泵按钮的位置。

(9) 火灾报警后，消防控制设备对防烟、排烟设施应有下列控制、显示功能：

停止有关部位的空调送风，关闭电动防火阀，并接收其反馈信号。

(10) 火灾探测器的选择，应符合下列要求：

对使用、生产或聚集可燃气体或可燃液体蒸气的场所，应选择可燃气体探测器。

(11) 感烟探测器、感温探测器的保护面积和保护半径，应按表2-5确定。

感烟探测器、感温探测器的保护面积和保护半径 **表2-5**

火灾探测器的种类	地面面积 S (m²)	房间高度 h (m)	一只探测器的保护面积 A 和保护半径 R					
			屋顶坡度 θ					
			$\theta \leqslant 15°$		$15° < \theta \leqslant 30°$		$\theta > 30°$	
			A (m²)	R (m)	A (m²)	R (m)	A (m²)	R (m)
感烟探测器	$S \leqslant 80$	$h \leqslant 12$	80	6.7	80	7.2	80	8.0
	$S > 80$	$6 < h \leqslant 12$	80	6.7	100	8.0	120	9.9
		$h \leqslant 6$	80	5.8	80	7.2	100	9.0
感温探测器	$S \leqslant 30$	$h \leqslant 8$	30	4.4	30	4.9	30	5.5
	$S > 30$	$h \leqslant 8$	20	3.6	30	4.9	40	6.3

（12）相邻两组红外光束感烟探测器的水平距离不应大于14m。探测器至侧墙水平距离不应大于7m，且不应小于0.5m。探测器的发射器和接收器之间的距离不宜超过100m。

（13）每个防火区应至少设置一个手动火灾报警按钮。从一个防火分区内的任何位置到最邻近的一个手动火灾报警按钮的距离不应大于30m。手动火灾报警按钮宜设置在公共活动场所的出入口处。

（14）消防控制、通信和警报线路采用暗敷设时，宜采用金属管或经阻燃处理的硬质塑料管保护，并应敷设在不燃烧体的结构层内，且保护层厚度不宜小于30mm。当采用明敷设时，应采用金属管或金属线槽保护，并应在金属管或金属线槽上采取防火保护措施。采用经阻燃处理的电缆时，可不穿金属管保护，但应敷设在电缆竖井或吊顶内有防火保护措施的封闭式线槽内。

23. 电梯电源箱应增加轿厢照明、通风、井道照明回路。

《电梯工程施工质量验收规范》（GB 50310—2002）第4.10.3条　主电源开关不应切断下列供电电路：

（1）轿厢照明和通风；

（2）机房和滑轮间照明；

（3）机房、轿顶和底坑的电源插座；

（4）井道照明；

（5）报警装置。

《民用建筑电气设计规范》（JGJ/T 16—92）第10.4.3条　每台电梯、自动扶梯和自动人行道应装设单独的隔离电器和短路保护，并设置在机房内便于操作和维修的地点。但该隔离电器和断路器不应切断下述供电电路：

（1）轿厢、机房和滑轮间的照明和通风；

（2）轿顶、底坑的电源插座；

（3）机房和滑轮间内的电源插座；

（4）电梯井道照明；

（5）报警装置。

为此，电梯的工作照明和通风装置以及各处用电插座的电源，宜由机房内电源配电箱（柜）单独供电；厅站指层器照明，宜由电梯自身动力电源供电。

24. 住宅对讲系统应在地下一层进楼梯间处加分机及电磁锁，并在火灾时解锁。并且各户应设紧急呼叫按钮。

《北京市住宅区及住宅安全防范设计标准》（DBJ 01—608—2002）第2.2条　住宅建筑应在首层出入口（单元门）安装电控防盗门；住宅底层车库内通往各单元入口处也应安装电控防盗门。

住宅楼入口或单元入口应设访客对讲装置，住户应设对讲机，并附有紧急报警按钮，有条件时宜设可视对讲装置。

25. 燃气锅炉房、燃气发电机房、燃气表间的可燃气体探测报警装置应联动事故排风机，自动关闭供气管道上的紧急切断阀，自动停止供油泵；自动打开泄油阀和泄油泵。缺少锅炉房可燃气体报警与事故排风机连锁。

《建筑设计防火规范》（GBJ 16—87）（2001年版）第10.3.2条　散发可燃气体、可燃蒸汽的甲类厂房和场所，应设置可燃气体浓度检漏报警装置。

《民用建筑设置锅炉房消防设计规定》（DBJ 01—614—2002）第 5.1.1 条　燃气锅炉房、计量间、调压间等应设置可燃气体探测自动报警装置。当可燃气体浓度达到爆炸下限的 25%时，应立即联动启动事故排风机，持续 1min 后关闭燃气紧急切断阀。

26. 爆炸和火灾危险环境的设计，不能按《建筑设计防火规范》（GBJ 16—87）设计，而是有其他规定。

《建筑设计防火规范》（GBJ 16—87）（2001 年版）第 10.2.10 条　爆炸和火灾危险环境电力装置的设计，应按现行的国家标准《爆炸和火灾危险环境电装置设计规范》的有关规定执行。

27. 爆炸和火灾危险环境下，电气设备的选择应按有关规定执行。

《爆炸和火灾危险环境电力装置设计规范》（GB 50058—1992）第 2.2.1 条　爆炸性气体环境应根据爆炸性气体混合物出现的频繁程度和持续时间，按下列规定进行分区：

（1）0 区：连续出现或长期出现爆炸性气体混合物的环境。

（2）1 区：在正常运行时可能出现爆炸性气体混合物的环境。

（3）2 区：在正常运行时不可能出现爆炸性气体混合物的环境，或即使出现也仅是短时存在的爆炸性气体混合物的环境。

注：正常运行是指正常的开车、运转、停车，易燃物质产品的装卸，密闭容器盖的开闭，安全阀、排放阀以及所有工厂设备都在其设计参数范围内工作的状态。

第 4.3.4 条　在火灾危险环境内，应根据区域等级和使用条件，按表 2-6 选择相应类型的电气设备。

电气设备防护结构的选型　　表 2-6

<table>
<tr><th colspan="2">火灾危险区域
防护结构
电气设备</th><th>21 区</th><th>22 区</th><th>23 区</th></tr>
<tr><td rowspan="2">电　机</td><td>固定安装</td><td>IP44</td><td rowspan="4">IP54</td><td>IP21</td></tr>
<tr><td>移动式、携带式</td><td>IP54</td><td>IP54</td></tr>
<tr><td rowspan="2">电器和仪表</td><td>固定安装</td><td>充油型、IP54、IP44</td><td rowspan="2">IP44</td></tr>
<tr><td>移动式、携带式</td><td>IP54</td></tr>
<tr><td rowspan="2">照明灯具</td><td>固定安装</td><td>IP2X</td><td rowspan="4">IP5X</td><td rowspan="4">IP2X</td></tr>
<tr><td>移动式、携带式</td><td rowspan="3">IP5X</td></tr>
<tr><td colspan="2">配电装置</td></tr>
<tr><td colspan="2">接线盒</td></tr>
</table>

注：1. 在火灾危险环境 21 区内固定安装的正常运行时有滑环等火花部件的电机，不宜采用 IP44 结构。

2. 在火灾危险环境 23 区内固定安装的正常运行时有滑环等火花部件的电机，不应采用 IP21 型结构，而应采用 IP44 型。

3. 在火灾危险环境 21 区内固定安装的正常运行时有火花部件的电器和仪表，不宜采用 IP44 型。

4. 移动式和携带式照明灯具的玻璃罩，应有金属网保护。

5. 表中防护等级的标志应符合现行国家标准《外壳防护等级的分类》的规定。

第 4.3.9 条　火灾危险环境接地设计应符合下列要求：

（1）在火灾危险环境内的电气设备的金属外壳应可靠接地。

（2）接地干线应不少于两处与接地体连接。

28. 燃气表间事故通风机应分别在室内、外便于操作的地点设置电器开关。

《采暖通风与空气调节设计规范》（GB 50019—2003）第 5.4.6 条　事故通风的通风机，应分别在室内、外便于操作的地点设置电器开关。

《民用建筑设置锅炉房消防设计规定》（DBJ 01—614—2002）第 5.1.4 条　燃油锅炉房油泵应与自动报警装置联动自动停泵，与供油泵连锁的紧急泄油阀自动打开，地下、半地下锅炉房的泄油泵启动，事故排风机运转。

29. 火灾自动报警及消防联动系统图、平面图中缺少压力开关直接启泵线路。

《自动喷水灭火系统设计规范》（GB 50084—2001）第 11.0.1 条　湿式系统、干式系统的喷头动作后，应由压力开关直接连锁自动启动供水泵。预作用系统、雨淋系统及自动控制的水幕系统，应在火灾报警系统报警后，立即自动向配水管道供水。

30. 所有通往楼内的通道口，包括地下车库直接通向楼内的通道，应考虑访客对讲装置。

《北京市住宅区及住宅安全防范设计标准》（DBJ 01—608—2002）第 2.2 条　住宅建筑应在首层出入口（单元门）安装电控防盗门；住宅底层车库内通往各单元入口处也应安装电控防盗门。第 3.1.2 条　应在所有通往楼内的通道口，包括地下车库直接通向楼内的通道，安装与楼门相同的访客对讲装置或其他电子出入口管理系统。第 3.1.3 条　各楼门对讲信号线应引至报警值班室（控制中心）。

31. 综合布线的主干光缆布线交接多于两次，不符合规范要求。

《建筑与建筑群综合布线系统工程设计规范》（GB 50311）第 10.0.4 条　建筑群和建筑物的干线电缆。主干光缆布线的交接不应多于两次。从楼层配线架（FD）到建筑群配线架（CD）之间只应通过一个建筑物配线架（BD）。

32. 智能化系统设有机房、弱电间、楼层配电间是否可采用联合接地。

《智能建筑设计标准》（GB/T 50314—2000）第 10.2.6 条　应采用总等电位联结，各楼层的智能化系统设备机房、楼层弱电间、楼层配电间等的接地应采用局部等电位联结。接地极当采用联合接地体时，接地电阻不应大于 1Ω；当采用单独接地体时，接地电阻不应大于 4Ω。第 10.2.7 条　智能化系统设备的供电系统应采取过电压保护等保护措施。

33. 关于高层住宅的消防供电等级、应急照明、疏散指示及火灾自动报警系统的设置问题。

《消防安全疏散标志设置标准》（DBJ 01—611—2002）第 3.1.4 条　当正常照明电源中断时，应能在 5s 内自动切换成应急照明电源，且标志表面的最低平均照度和照度均匀度仍应符合日常情况下的要求。高层住宅的消防供电等级、应急照明、疏散指示及火灾自动报警系统的设置如表 2-7，可作为设计时参考。

高层住宅的消防供电等级、应急照明、疏散指示及火灾自动报警系统的设置　　表 2-7

楼　层	建筑分类	负荷等级	应急照明	疏散指示标志	自备发电设备	火灾自动报警
10—18 层	二类	二级	设	不设	可手动	不　设
19 层及以上	一类	一级	设	设	自动，30s 内供电	不　设

续表

楼　层	建筑分类	负荷等级	应急照明	疏散指示标志	自备发电设备	火灾自动报警
36层及以上	一类	一级	设	设	自动，30s内供电	设

注：1. 应急照明设在楼梯间及前室、合用前室。疏散用的应急照明其地面最低照度不低于0.5lx。

2. 采用蓄电池作备用电源的火灾应急照明和疏散指示标志，其连续供电时间不应小于20min；高度超过100m的住宅连续供电时间不应小于30min。

3. 19层及以上的高级住宅，应按《火灾自动报警系统设计规范》设置火灾自动报警系统。

4. 不设火灾自动报警系统的住宅厨房宜安装可燃气体泄漏报警装置，并能就地发出声光报警信号。

5. 根据（DBJ 01—611—2002）第3.2.1条　1款规定，10～18层塔式住宅楼仍应装设消防安全疏散标志。

34. 消防平面图中，感温探测器和感烟探测器的保护面积超标。

《火灾自动报警系统设计规范》（GB 50116—98）第8章火灾探测器和手动报警按钮的设置：

点型火灾探测器的设置数量和布置。

第8.1.1～8.1.14条　以及附录A、B、C。

35. 火灾危险环境接地设计不合理。

《爆炸和火灾危险环境电力装置设计规范》（GB 50058—1992）第4.3.9条　火灾危险环境接地设计应符合下列要求：

（1）在火灾危险环境内的电气设备的金属外壳应可靠接地。

（2）接地干线应不少于两处与接地体连接。

36. 人防呼叫按钮设置的位置不对，按要求应设置在人防最外一道防护密闭门的外侧，而设计中却设置在别的地方。

《人民防空地下室设计规范》（GB 50038—94）（2003年版），人防地下室应增加通风状态显示器。人防配电箱进线应设战时电源转换端子。

（1）通风信号的设置，应符合下列规定：

1）设有清洁、滤毒和隔绝三种通风方式的防空地下室，应在值班室、风机室、发电机室、控制室、配电室、防化值班室及战时主要出入口最里一道密闭门的内侧，设置显示通风方式的音响和灯光信号，其控制开关宜设置在值班室内；

2）战时人员主要出入口防护密闭门的外侧，应设置有防护能力的呼叫音响按钮，音响装置应设在防空地下室内人员值班室。

（2）供电系统设计，应符合下列原则：

1）防空地下室应单独设置配电屏（箱）；

2）引接区域内部电源应有固定回路。

37. 地下室应有疏散标志照明。

《消防安全疏散标志设置标准》（DBJ 01—611—2002）第3.2.1条　下列建筑和场所应设置消防安全疏散标志：

地下、半地下民用建筑（包括地下、半地下室）及平战结合的人民防空工程。

2.6　防雷及接地系统

1. 关于低压配电系统的防触电保护、接地要求和接地电阻、特殊场所的安全保护，理解有误，造成设计错误。

《民用建筑电气设计规范》（JGJ/T 16—92）第 10.8.11.4 条　住宅内插座当安装距地高度为 1.80m 及以上时，可采用普通型插座；如采用安全型插座且配电回路设有漏电电流动作保护装置时，其安装高度可不受限制。

（1）低压配电系统的防触电保护可分为：

1）直接接触保护（正常工作时的电击保护）。

2）间接接触保护（故障情况下的电击保护）。

3）直接接触及间接接触兼顾的保护。

（2）间接接触保护可采用下列方法：

1）用自动切断电源的保护（包括漏电电流动作保护），并辅以等电位联结。

2）使工作人员不致同时触及两个不同电位点的保护（即非导电场所的保护）。

3）使用双重绝缘或加强绝缘的保护。

4）用不接地的局部等电位联结的保护。

5）采用电气隔离。

（3）在 TN 或 TT 系统中，一次侧为 50V 以上、二次侧为 50V 及以下安全超低压供电的变压器，宜采用双重绝缘或一次和二次绕组之间有接地金属屏蔽层的安全变压器，此时二次侧不应接地。在正常环境中对于电压等级在 24～48V 范围内的安全电压，还应采取防直接接触带电体的保护措施。

若采用普通变压器取得 50V 及以下电压，变压器二次侧应进行接地，且一次侧应装设具有自动切断电源的保护，变压器外露可导电部分要与一次回路的保护线相连。

在低压 TN 系统中，架空线路干线和分支线的终端，其 PEN 线或 PE 线应重复接地。电缆线路和架空线路在每个建筑物的进线处，均须重复接地（如无特殊要求，对小型单层建筑，距接地点不超过 50m 可除外），但对装有中性线断线保护装置的用户进户端，应符合本规范第 8.6.5.5 款的要求。在装有漏电电流动作保护装置后的 PEN 线也不允许设重复接地，中性线（即 N 线），除电源中性点外，不应重复接地。

低压线路每处重复接地装置的接地电阻不应大于 10Ω。但在电力设备接地装置的接地电阻允许达到 10Ω 的电力电网中，每处重复接地的接地电阻值不应超过 30Ω，此时重复接地不应少于 3 处。

（4）装有澡盆和淋浴盆的场所

1）在 0、1 及 2 区内，不允许非本区的配电线路通过；也不允许在该区内装设接线盒。

2）开关和控制设备的装设，须符合以下要求：

①在 0、1 及 2 区内，严禁装设开关设备及辅助设备。在 3 区内如安装插座，必须符合以下条件才是允许的：

a. 由隔离变压器供电。

b. 由安全超低压供电。

c. 由采取了漏电保护措施的供电线路供电，其动作电流 $I_{\Delta n}$ 值不应超过 30mA。

②任何开关的插座，必须至少距淋浴间的门边 0.6m 以上。

③当未采取安全超低压供电及其用电器具时，在 0 区内，只允许采用专用于澡盆的电

器；在1区内，只可装设水加热器；在2区内，只可装设水加热器及Ⅱ级照明器。

④埋在地面内用于场所加热的加热器件，可以装设在各区内，但它们必须要用金属网栅（与等电位接地相连的），或接地的金属罩罩住。

（5）应在靠近电缆进入建筑物的地方，将同轴电缆的外导电屏蔽层接地。不带电的设备外壳，或由电缆芯线供电的设备外壳，当和同轴电缆的外导电屏蔽层连接时，应被认为是接地的。

（6）电话站通信设备接地装置如与电气防雷接地装置合用时，应用专用接地干线引入电话站内，其专用接地干线应采用截面积不小于25mm^{2}的绝缘铜芯导线。

2.防雷与接地平面图中，±0.000人流出入口处，缺少水平接地线的安全措施。

《建筑物防雷设计规范》（GB 50057—94）（2000年版），第4.3.5条　防直击雷的人工接地体距建筑物出入口或人行道不应小于3m。当小于3m时应采取下列措施之一：

（1）水平接地体局部深埋不应小于1m；

（2）水平接地体局部应包绝缘物，可采用50~80mm厚的沥青层；

（3）采用沥青碎石地面或在接地体上面敷设50~80mm厚的沥青层，其宽度应超过接地体2m。

3.防侧击雷，应按建筑防雷不同类别来确定从什么高度开始设置均压环。有的设计所定的高度不对，应根据滚球半径来考虑。

《建筑物防雷设计规范》（GB 50057—94）（2000年版）第二类防雷建筑物的防雷措施：

高度超过45m的钢筋混凝土结构、钢结构建筑物，尚应采取以下防侧击和等电位的保护措施：

（1）钢构架和混凝土的钢筋应互相连接。钢筋的连接应符合本规范第3.3.5条的要求；

（2）应利用钢柱或柱子钢筋作为防雷装置引下线；

（3）应将45m及以上外墙上的栏杆、门窗等较大的金属物与防雷装置连接；

（4）竖直敷设的金属管道及金属物的顶端和底端与防雷装置连接。

第三类防雷建筑物的防雷措施：

高度超过60m的建筑物，其防侧击和等电位的保护措施应符合本规范3.3.10条　第1、2、4款的规定，并应将60m及以上的外墙上的栏杆、门窗等较大的金属物与防雷装置连接。

4.建筑防雷网格与所确定的建筑防雷类别不一致，出现的问题都是网格间距超出了该类别所要求的间距。

《建筑物防雷设计规范》（GB 50057—94）（2000年版）第5.2.1条　接闪器布置应符合表2-8的规定：

接闪器布置　　**表2-8**

建筑物防雷类别	滚球半径 k_r（m）	避雷网网格尺寸（m）
一类防雷建筑物	30	≤5×5或≤6×4
二类防雷建筑物	45	≤10×10或≤12×8
三类防雷建筑物	60	≤20×20或≤24×16

5. 避雷带采用 Φ10 圆钢，但漏说明该圆钢应热镀锌或涂漆。

《建筑物防雷设计规范》（GB 50057—94）（2000 年版）第 4.1.6 条　除利用混凝土构件内钢筋作接闪器外，接闪器应热镀锌或涂漆。在腐蚀性较强的场所，尚应采取加大其截面或其他防腐措施。

6. 关于防雷设计的若干问题。

（1）有部分设计说明中未注明建筑物的防雷类别。

（2）防雷类别错误，常见的有：

1）对住宅、办公楼等一般性民用建筑未计算预计雷击次数，便定为三类防雷建筑。

《建筑物防雷设计规范》（GB 50057—94）（2000 年版）第 2.0.3 条　九款：预计雷击次数大于 0.3 次/a 的住宅、办公楼等一般性民用建筑应为二类防雷建筑，只有预计雷击次数大于或等于 0.06 次/a，且小于或等于 0.3 次/a 的住宅、办公楼等一般性民用建筑，才能为三类防雷建筑；

2）对存在有 1 区、2 区爆炸危险环境的建筑物，如汽车加油站的站棚、燃气锅炉房的锅炉间、燃气表间等应根据（GB 50057—94）（2000 年版）第 2.0.3 条　五、六款的规定划为第二类防雷建筑物。

（3）建筑物的防雷措施，《建筑物防雷设计规范》（GB 50057—94）（2000 年版）分为第一、二、三类；与行业规范（JGJ/T 16—92）中一、二、三级防雷建筑物的保护措施混用的问题。目前较多设计仍采用（JGJ/T 16—92）“建筑物防雷”中的有关规定或两种规定混用，如等电位和防侧击雷的措施，一般应采用国标 GB 50057—94（2000 年版）。

（4）根据 GB 50057—94（2000 年版）第 6.1.4 条　规定，弱电间及弱电竖井应预埋等电位连接板。

7. 关于重复接地电阻作联合接地电阻的取值问题。

重复接地电阻作联合接地电阻时，应按建筑物内下列电气装置的接地电阻取值：

（1）火灾自动报警系统采用专用接地装置时，接地电阻值不应大于 4Ω；采用共用接地装置时，接地电阻值不应大于 1Ω（《火灾自动报警系统设计规范》（GB 50116—98）第 5.7.1 条）。

（2）电梯机房内接地装置的接地电阻值不应大于 4Ω（《电梯工程施工质量验收规范》（GB 50310—2002）第 4.2.4 条）。

（3）有线电视系统的避雷针和天线竖杆的接地应与建筑物的防雷接地共同连接，当建筑物无专门的防雷接地可利用时，应设专门的接地装置，接地电阻不应大于 4Ω（《有线电视系统工程技术规范》）（GB 50200—94）第 2.9.3 条）。

（4）通信用接地装置可与建筑物接地装置以及工频交流供电系统的接地装置互相连接在一起，其接地电阻值不应大于 1Ω（《民用建筑电气设计规范》（JGJ/T 16—92）第 19.6.33 条）。

（5）电子设备（包括计算机）的接地电阻，一般不宜大于 4Ω，电子设备（包括电子计算机）与防雷接地共用时，接地电阻值应 ≤1Ω（《民用建筑电气设计规范》（JGJ/T 16—92）第 14.7.4.3 条和 14.7.5.2 条）。

（6）智能化系统的电源接地，采用联合接地体时，接地电阻不应大于 1Ω；当采用单独接地体时，接地电阻不应大于 4Ω（《智能建筑物设计标准》（GB/T 50314—2000）第

10.2.6条)。

综上所述，除电梯机房、有线电视系统的联合接地电阻可取4Ω外，其他电气设备或系统的联合接地电阻均为≤1Ω。因此，重复接地为联合接地时，接地电阻一般不是取4Ω就是取1Ω，因为重复接地电阻一般也作为建筑物的防雷接地的联合接地电阻，接地电阻也影响其他电气装置的电子设备。为此，只有极少数建筑物，如库房既不作总等电位，也不作联合接地，其重复接地电阻才可按规定取为10Ω。

2.7 其　他

1. 插座的选型及安装高度定位出现问题。

《通用用电设备配电设计规范》(GB 50055—93) 第8.0.7条　插座的型式和安装高度，应根据其使用条件和周围环境确定：

(1) 对于不同电压等级，应采用与其相应电压等级的插座，该电压等级的插座不应被其他电压等级的插头插入。

(2) 需要连接带接地线的日用电器的插座，必须带接地孔。

(3) 对于插拔插头时触电危险性大的日用电器，宜采用带开关能切断电源的插座。

(4) 在潮湿场所，应采用密封或保护式插座，安装高度距地不应低于1.5m。

(5) 在儿童专用的活动场所，应采用安全型插座。

(6) 住宅内插座，若安装高度距地1.8m及以上时，可采用一般型插座；低于1.8m时，应采用安全型插座。

2. 残疾人卫生间或厕位处要求设置按钮，有的没有设置，查出来属于违反强制性条文。有的虽然设置了，但设置的位置不对，要求是在0.4~0.5m处设置。

《城市道路和建筑物无障碍设计规程》(JGJ 50—2001) 第7.8.2条　专用厕所无障碍设施与设计要求应符合表2-9的规定。

专用厕所无障碍设施与设计要求　　表2-9

设施类别	设计要求
呼叫按钮	距地面高0.40~0.50m处应设求助呼叫按钮

3. 特殊情况下插座安装。

《建筑电气工程施工质量验收规范》(GB 50303—2002) 第7.1.1条　电动机、电加热器及电动执行机构的可接近裸露导体必须接地 (PE) 或接零 (PEN)。第22.1.3条　特殊情况下插座安装应符合下列规定：

(1) 当接插有触电危险家用电器的电源时，采用能断开电源的带开关插座，开关断开相线；

(2) 潮湿场所采用密封型并带保护地线触头的保护型插座，安装高度不低于1.5m。

对于不同场所，由于环境条件不同，所选用的插座应有所要求。如潮湿场所的插座，其类型和安装高度均与一般场所不同，应引起注意。户内插座，安装在0.3m高度的，一定要注明采用安全型插座。有的设计未作任何说明。

4. 电梯机房地板表面上的照度值不满足要求。

《电梯工程施工质量验收规范》（GB 50310—2002）第 4.2.4 条　机房（如果有）还应符合下列规定：

（1）机房内应设有固定的电气照明，地板表面上的照度不应小于 200lx。

（2）照明设计确定的照度不合适；有的虽确定了照度值，但实际平面图中照明设计结果，照度超过了要求达到的照度值，单位面积功率密度超过规范要求。例如说明中确定房间照度为 300lx，按照 300lx 的功率密度值，超过了现行密度值。

《建筑照明设计标准》（GB 50034—2004）第 6.1 条　照明功率密度值：

（1）办公建筑照明功率密度值不应大于表 2-10 的规定。当房间或场所的照度值高于或低于本表规定的对应照度值时，其照明功率密度值应按比例提高或折减。

办公建筑照明功率密度值　　**表 2-10**

房间或场所	照明功率密度（W/m²）		对应照度值（lx）
	现行值	目标值	
普通办公室	11	9	300
高档办公室、设计室	18	15	500
会议室	11	9	300
营业厅	13	11	300
文件整理、复印、发行室	11	9	300
档案室	8	7	200

（2）商业建筑照明功率密度值不应大于表 2-11 的规定。当房间或场所的照度值高于或低于本表规定的对应照度值时，其照明功率密度值应按比例提高或折减。

商业建筑照明功率密度值　　**表 2-11**

房间或场所	照明功率密度（W/m²）		对应照度值（lx）
	现行值	目标值	
一般商店营业厅	12	10	300
高档商店营业厅	19	16	500
一般超市营业厅	13	11	300
高档超市营业厅	20	17	500

（3）旅馆建筑照明功率密度值不应大于表 2-12 的规定。当房间或场所的照度值高于或低于本表规定的对应照度值时，其照明功率密度值应按比例提高或折减。

旅馆建筑照明功率密度值　　**表 2-12**

房间或场所	照明功率密度（W/m²）		对应照度值（lx）
	现行值	目标值	
客房	15	13	—
中餐厅	13	11	200
多功能厅	18	15	300
客房层走廊	5	4	50
门厅	15	13	300

(4) 医院建筑照明功率密度值不应大于表 2-13 的规定。当房间或场所的照度值高于或低于本表规定的对应照度值时，其照明功率密度值应按比例提高或折减。

医院建筑照明功率密度值 **表 2-13**

房间或场所	照明功率密度（W/m²）		对应照度值（lx）
	现行值	目标值	
治疗室、诊室	11	9	300
化验室	18	15	500
手术室	30	25	750
候诊室、挂号厅	8	7	200
病　房	6	5	100
护士站	11	9	300
药　房	20	17	500
重症监护室	11	9	300

(5) 学校建筑照明功率密度值不应大于表 2-14 的规定。当房间或场所的照度值高于或低于本表规定的对应照度值时，其照明功率密度值应按比例提高或折减。

学校建筑照明功率密度值 **表 2-14**

房间或场所	照明功率密度（W/m²）		对应照度值（lx）
	现行值	目标值	
教室、阅览室	11	9	300
实验室	11	9	300
美术教室	18	15	500
多媒体教室	11	9	300

(6) 学校建筑照明功率密度值不应大于表 2-14 的规定。当房间或场所的照度值高于或低于该表规定的对应照度值时，其照明功率密度值应按比例提高或折减。

(1) ～ (6) 属于强制性条文。

5. 阅览室的插座数量应不少于座位数的 15%。

《民用建筑电气设计规范》（JGJ/T 16—92）第 11.9.2 条　学校电气照明：

大阅览室的插座宜按不少于阅览室座位数的 15%装设。

6. 教室照明控制，应平行于外窗方向设置控制开关。

《建筑照明设计标准》（GB 50034—2004）第 7.4.6 条　房间或场所装设有两列或多列灯具时，宜按下列方式分组控制：所控灯列与侧窗平行。

《绿色照明工程技术规程》（DGJ 01—607—2001）第 8.3.7 条　房间照明每个开关控制的灯数不宜太多；所控灯列宜与采光侧窗墙面平行。

7. 电梯机房的照明不应选用声控开关。

8. 有些场所的照明灯具选择不符合要求，如煤气阀室，应根据环境特征来选用照明灯具，充分考虑其安全性。

《爆炸和火灾危险环境电力装置设计规范》（GB 50058—1992）第 4.3.4 条　在火灾危

险环境内，应根据区域等级和适用条件，按表 2-15 选择相应类型的电气设备。

电气设备防护结构的选型 **表 2-15**

<table>
<tr><th colspan="2">危险区域火灾
防护结构
电气设备</th><th>21 区</th><th>22 区</th><th>23 区</th></tr>
<tr><td rowspan="2">电 机</td><td>固定安装</td><td>IP44</td><td rowspan="4">IP54</td><td>IP21</td></tr>
<tr><td>移动式、携带式</td><td>IP54</td><td>IP54</td></tr>
<tr><td rowspan="2">电器和仪表</td><td>固定安装</td><td>充油型、IP54、IP44</td><td rowspan="2">IP44</td></tr>
<tr><td>移动式、携带式</td><td>IP54</td></tr>
<tr><td rowspan="2">照明灯具</td><td>固定安装</td><td>IP2X</td><td rowspan="4">IP5X</td><td rowspan="4">IP2X</td></tr>
<tr><td>移动式、携带式</td><td rowspan="3">IP5X</td></tr>
<tr><td colspan="2">配电装置</td></tr>
<tr><td colspan="2">接线盒</td></tr>
</table>

注 1. 在火灾危险环境 21 区内固定安装的正常运行时有滑环等火花部件的电机，不宜采用 IP44 结构。

2. 在火灾危险环境 23 区内固定安装的正常运行时有滑环等火花部件的电机，不应采用 IP21 型结构，而应采用 IP44 型。

3. 在火灾危险环境 21 区内固定安装的正常运行时有火花部件的电器和仪表，不宜采用 IP44 型。

4. 移动式和携带式照明灯具的玻璃罩，应有金属网保护。

5. 标中防护等级的标志应符合现行国家标准《外壳防护等级的分类》的规定。

IP 代码由代码字母 IP，第一位特征数字、第二位特征数字组成。

第一位特征数字指防尘、防固体异物进入外壳内部的等级（见表 2-16）；第二位特征数字指防水有害侵入程度的等级（见表 2-17）。特征数字省略时，该处数字由字母 X 代替。

第一位特征数字所代表的防护等级 **表 2-16**

<table>
<tr><th rowspan="2">特征数字</th><th colspan="2">防 护 等 级</th></tr>
<tr><th>简 述</th><th>防 护 细 节</th></tr>
<tr><td>0</td><td>无防护</td><td>无特殊防护要求</td></tr>
<tr><td>1</td><td>防止大于 50mm 异物进入</td><td>能防止直径大于 50mm 的固体异物进入壳内，能防止人体的某一大面积部分（如手）意外地触及壳内的带电部件，不能防止有意识地接近</td></tr>
<tr><td>2</td><td>防止大于 12mm 异物进入</td><td>能防止直径大于 12mm 长度不大于 80mm 的固体异物进入壳内，能防止手指触及壳内带电部件或运动部件</td></tr>
<tr><td>3</td><td>防止大于 2.5mm 异物进入</td><td>能防止直径大于 2.5mm 的固体异物进入壳内，能防止厚度（或直径）大于 2.5mm 的工具、金属线等触及壳内带电部件或运动部件</td></tr>
<tr><td>4</td><td>防止大于 1.0mm 异物进入</td><td>能防止直径大于 1.0mm 的固体异物进入壳内，防止厚度（或直径）大于 1.0mm 的工具、金属线等触及壳内带电部件或运动部件</td></tr>
<tr><td>5</td><td>防尘</td><td>不能完全防止尘埃进入，但进入量不能达到妨碍设备正常运转的程度</td></tr>
<tr><td>6</td><td>完全防尘</td><td>无尘埃进入</td></tr>
</table>

第二位特征数字所代表的防护等级　　　表 2-17

特征数字	防护等级	
	简　述	防护细节
0	无防护	无特殊防护要求
1	防滴	垂直滴水应无害
2	15°防滴	当外壳从正常位置倾斜在15°以内时垂直滴水应无害
3	防淋水	与垂直65°范围内的淋水应无害
4	防溅水	任意方向泼水应无害
5	防喷水	任意方向喷水应无害
6	防猛烈海浪	猛烈海浪或强烈喷水时，进入外壳水量不致达到有害程度
7	防浸水影响	浸入规定压力的水中经规定时间后进入外壳水量不致达到有害程度
8	防潜水影响	在规定的条件下能持续近在水中而不受影响

9. 人防室外出口未设计照明。

《人民防空地下室设计规范》(GB 50038—94)(2003年版)第7.4.4条　防空地下室平时和战时的照明，均应有正常照明和应急照明；平时使用还应有值班照明，出入口处应设过渡照明。

10. 在目前工程设计中，从业主方、施工单位、工程监理方所得到的信息，反映最为普遍、最为强烈的问题，当属管线综合不好，设备专业管线与电气管线、桥架、线槽打架，引起施工返工。

11. 电气专业的设备、器件安装位置与设备专业管道打架。如地下室暖通专业的风管，由于高度的限制，做得很宽，而电气照明的荧光灯，正好布置在风管上面，还有火灾探测器等也布置在风管上面，造成无法施工，做完后效果也不好，几乎都在最后发生变化，造成返工。

12. 电器插座与暖通专业暖气片冲突。有的插座离暖气片很近，有的甚至就在暖气片后面，造成施工困难和无法使用。

13. 各专业之间配合不好，造成施工过程中设计变更太多，由于专业之间配合不好，对电气专业而言，出现了下列问题：

(1) 和建筑专业配合不紧密，出现建筑修改未通知电气专业，如建筑专业将门的开启方向作了改变，电气专业不知道，按旧图设计，使照明开关设置在门的后面，等施工完后发现了，改动起来都很困难。

(2) 与结构专业的配合欠仔细。如结构楼板不是一块平板，局部沉降，可电气专业的管线还要直接通过去，造成路由改变，费用增加。电气专业的线槽和桥架穿墙时，正好从结构的暗柱处通过，造成修改。

(3) 电气专业与给水排水专业配合不好，在配电盘的上方有许多水管，设备管线都安装到位，无法改动；住宅厨房中插座与水的立管靠得太近，使用不方便。

(4) 与暖通专业配合，主要反映在插座与暖气片的间距问题，因为插座管线先施工预埋，等到暖气片一安装，发现问题时，再改动，耽误工期，造成额外费用。

（5）电气专业内部多人设计时，应有一个标准的统一技术措施。另外系统图和平面图中的电气设备有些对不上。

14. 关于灯具的 PE 线问题。

《建筑电气工程施工质量验收规范》（GB 50303—2002），第 19.1.6 条　当灯具距地面高度小于 2.4m 时，灯具的可接近裸露导体必须接地（PE）或接零（PEN）可靠，并应有专用接地螺栓，且有标识。

关于住宅的插座设置：

《住宅设计规范》（GB 50096—1999）（2003 年版）第 6.5.3 条　住宅的公共部位应设人工照明，除高层住宅的电梯厅和应急照明外，均应采用节能自熄开关第 6.5.4 条　电源插座的数量，不应少于表 2-18 的规定。

电源插座的设置数量　　**表 2-18**

部　位	设　置　数　量
卧室、厨房	一个单相三线和一个单相二线的插座两组
起居室（厅）、	一个单相三线和一个单相二线的插座三组
卫生间	防溅水型一个单相三线和一个单相二线的组合插座一组
布置洗衣机、冰箱、排气机械和空调器等处	专用单相三线插座各一个

15. 关于电梯机房照明照度和插座问题。

《电梯工程施工质量验收规范》（GB 50310—2002）第 4.2.4 条　机房（如果有）还应符合下列规定：

机房内应设有固定的电气照明，地板表面上的照度不应小于 200lx。机房内应设置一个或多个电源的插座。在机房内靠近入口的适当高度处应设有一个开关或类似装置控制机房照明电源。

主电源开关不应切断下列供电电路：

（1）轿厢照明和通风；

（2）机房和滑轮间照明；

（3）机房、轿顶和底坑的电源插座；

（4）井道照明；

（5）报警装置。

16. 关于剧场观众席固定供电点预留容量问题和观众厅座位排号灯电压问题。

《剧场建筑设计规范》（JGJ 57—2000）第 10.3.4 条　需要电视转播或拍摄电影的剧场，在观众厅两侧宜装设容量不小于 10kW，电压为 220/380V 三相四线制的固定供电点。第 10.3.5 条　乐池内谱架灯、化妆室台灯照明、观众厅座位排号灯的电源电压不得大于 36V。

17. 关于电气节能设计的主要问题：

（1）照明光源：

办公室荧光灯未选用细管直管形荧光灯、紧凑型荧光灯，仍选用 40W 的一般荧光灯。《建筑照明设计标准》（GB 50034—2004）第 3.2.3 条　高度较低房间，如办公室、教室、会议室及仪表、电子等生产车间宜采用细管直管形荧光灯。

(2) 光源附件：

1) 荧光灯未配用电子镇流器或节能型电感镇流器；金属卤化物灯未配用节能型电感镇流器。《建筑照明设计标准》(GB 50034—2004) 第3.3.5条　直管形荧光灯配用电子镇流器或节能型电感镇流器；高压钠灯、金属卤化物灯应配用节能型电感镇流器；在电压偏差较大场所，以配用恒功率镇流器；功率较小者可配用电子镇流器。

2) 气体放电灯未装设电容补偿，并使功率因数低于0.9。

《建筑照明设计标准》(GB 50034—2004) 第7.2.10条　供给气体放电灯的配电线路宜在线路或灯具内设电容补偿，功率因数不应低于0.9。

(3) 照明控制：

1) 居住建筑的楼梯间等未采用节能自熄开关。

《建筑照明设计标准》(GB 50034—2004) 第7.4.4条　居住建筑有天然采光的楼梯间、走道的照明，除应急照明外，宜采用节能自熄开关。

2) 公共场所照明、室外照明未根据 (JGJ/T 16—92) 第11.7.5.4条　的规定采用集中或自动控制装置。公共场所照明、室外照明，可采用集中遥控管理方式或采用自动控光装置。

(4) 照明功率密度值：

在《建筑照明设计标准》(GB 50034—2004) 的6.1节中，规定了照明功率密度值的有关条文，并列为"强制性条文"。由于是强制性条文，在设计文件应注明如下内容：

1) 施工图设计中应注明强制性条文规定房间的照度标准。

2) 照明平面图应注明照明功率密度值，并按照明功率密度值布置灯具和确定灯具容量。

3) 第6.1.2条　强制性条文中"当房间或场所的照度值高于或低于本表规定的对应照度值时，其照明功率密度值应按比例提高或折减"。提高或折减照明功率密度值应符合规范第4.1.3、4.1.4条　规定，即照明功率密度值标准只允许提高或降低一级，否则就可视为违反了强制性条文。

18. 通过图纸表示常见的技术问题（见表2-19）。

(1) 高压供电系统设备选择不当、标注不全。

(2) 低压配电系统设备选择不当、标注不全。

(3) 进线断路器安装位置不当。

(4) 断路器极限分断能力不能符合安装地点预期短路电流要求。

(5) 进线配电柜（屏）的备用位置中未留主母线。

(6) 电压互感器柜安装位置不当。

(7) 长期运行的备用用电设备接线方式不完善。

(8) 预装式变电站接地做法不完善。

(9) 配电柜（屏）后通道过长。

(10) 高层住宅的配电系统不符合规范要求。

(11) 各级自动转换电路延时时限未相互配合。

(12) 航空障碍灯供电线路及保护不可靠。

图纸中常见的技术问题 **表 2-19**

<table>
<tr><th>常见问题</th><th colspan="8">改进措施</th></tr>
<tr><td rowspan="10">高压供电系统设备选择不当、标注不全
1. 真空断路器等的允许通过电流峰值未经计算，选择不当。
2. 电流、电压互感器准确度选择不当。
3. 柜内主要元件的技术参数标注不完整。
4. 进线柜与联络柜的联锁关系不明确。
5. 互感器与计量表量程不匹配。
6. 未注明：
开关柜编号、型号；
导体型号；
二次线方案号</td><td colspan="8">修改示例</td></tr>
<tr><td>一次接线圈</td><td colspan="2">10kV
3×XPNP-12kV 1A
JDZ-10 10/0.1kV, 0.5级
GSN1-10/T
KLH-φ 100/5</td><td>TMY-3(80×8)
X3
42L6-A 0-150A
Q1 630A 25kA
3×LZZBJ10-10, 0.5级,150/5
GSN1-10/T</td><td>10kV
Warh
Wh FG
2×LZJC-10 0.2级,150/5
3×XPNP-12kV 1A
JDZ-10 10/0.1kV, 0.2级
GSN1-10/T
JN110 1 25kA</td><td colspan="2">TMY-3(80×8)
X3
42L6-A 0-75A
Q4 630A 25kA
3×LZZBJ10-10, 0.5级,75/5
HY5WZ2-12.7/32.4
KLH-φ 100/5</td><td>X3
42L6-A 0-75A
Q4 630A 25kA
3×LZZBJ10-10, 0.5级,75/5</td><td>10kV
GSN1-10/T</td></tr>
<tr><td>高压开关柜编号</td><td colspan="2">▱▱▱</td><td>▱▱▱</td><td>▱▱▱</td><td colspan="2">▱▱▱</td><td>▱▱▱</td><td>▱▱▱</td></tr>
<tr><td>高压开关柜型号</td><td colspan="2">▱▱▱</td><td>▱▱▱</td><td>▱▱▱</td><td colspan="2">▱▱▱</td><td>▱▱▱</td><td>▱▱▱</td></tr>
<tr><td>高压开关柜二次原理图号</td><td colspan="2">国家建筑标准设计图集 01D203-2 P.T-01</td><td>国家建筑标准设计图集 01D203-2 P.T-01</td><td>国家建筑标准设计图集 01D203-2 P.T-01</td><td colspan="2">国家建筑标准设计图集 01D203-2 P.T-01</td><td>国家建筑标准设计图集 01D203-2 P.T-01</td><td>国家建筑标准设计图集 01D203-2 P.T-01</td></tr>
<tr><td>回路编号及用途</td><td>WH1</td><td>#1电源进线隔离</td><td>#1电源进线</td><td>计 量</td><td>WH1</td><td>T1 变压器</td><td>母 联</td><td>母 联</td></tr>
<tr><td>变压器容量(kVA)</td><td colspan="2"></td><td></td><td></td><td colspan="2">1000</td><td></td><td></td></tr>
<tr><td>计算电流(A)</td><td colspan="2"></td><td></td><td></td><td colspan="2">58</td><td></td><td></td></tr>
<tr><td>电缆规格</td><td colspan="2">▱</td><td></td><td></td><td colspan="2">YJV-8/15kV, 3×150mm^2</td><td></td><td></td></tr>
<tr><td>备注</td><td colspan="2">由供电部门确定</td><td></td><td></td><td colspan="2"></td><td></td><td></td></tr>
</table>

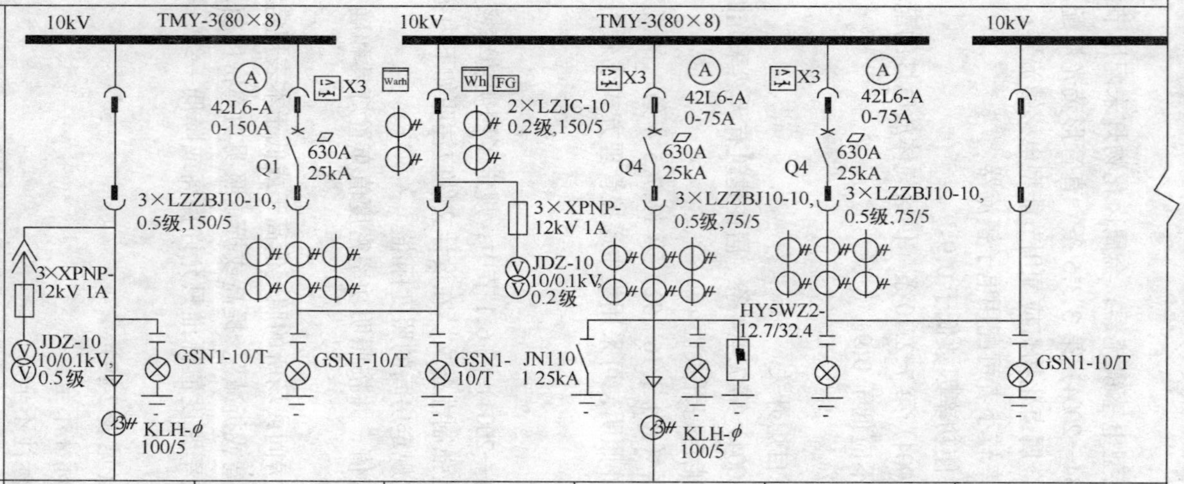

续表

常 见 问 题	改 进 措 施
低压配电系统设备选择不当、标注不全 1. 未明确电源＃1—母联—电源＃2联锁关系。 2. 空气断路器、熔断器遮断容量不满足要求。 3. 电流互感器与计量表量程不匹配。 4. 母线截面不符合要求。 5. 变压器中性线截面不符合要求。 6. 未注明： 计算电流； 导体型号； 用户名称	修改示例 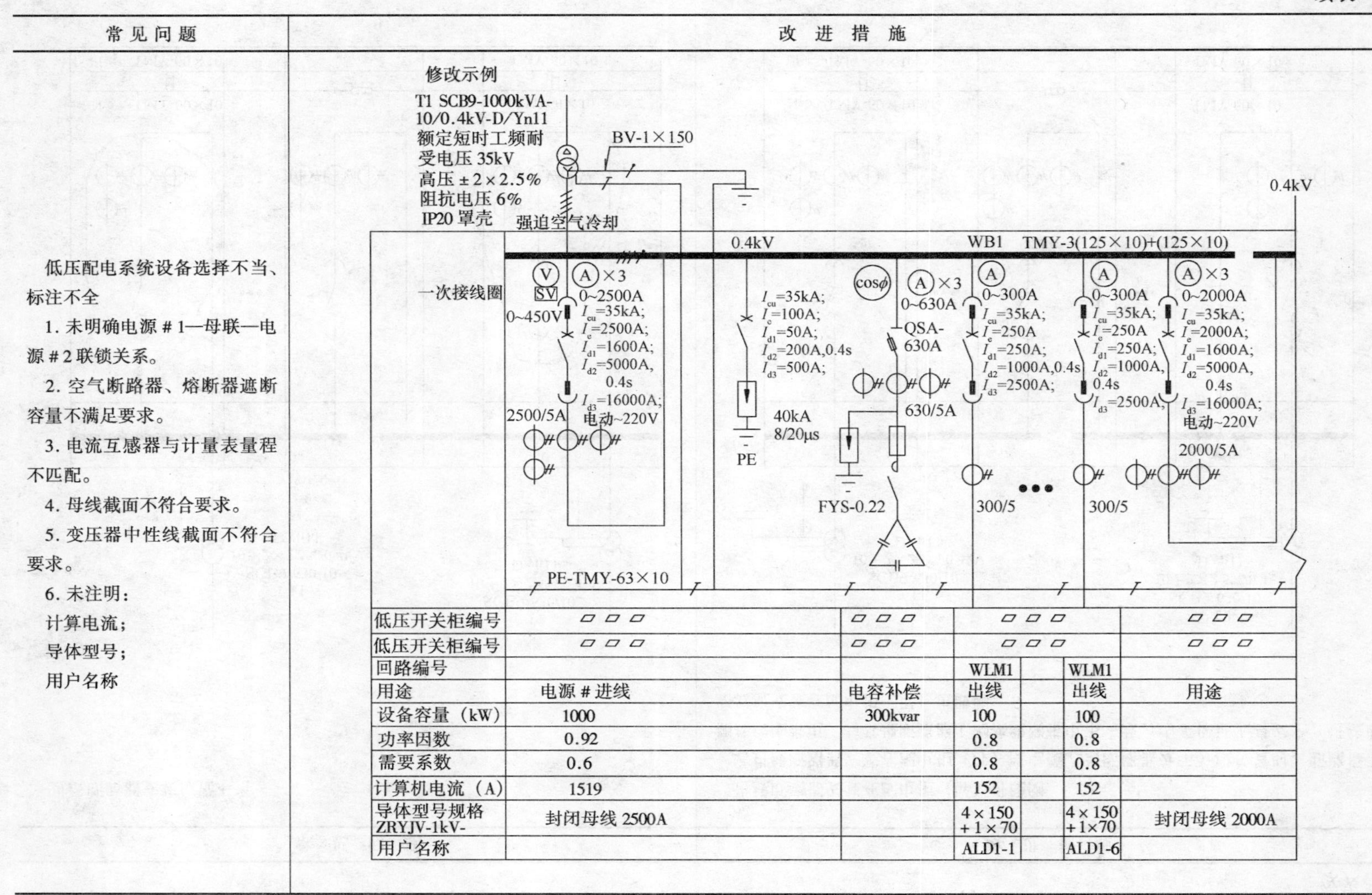

续表

常 见 问 题	改 进 措 施
进线断路器安装位置不当	进线断路器安装在配电柜（屏）进线侧 若进线断路器安装在配电柜（屏）受电侧。当断路器处于分段位置时，断路器下侧接线端带电，与常规断路器上侧接线端带电不一致，为了保证人身安全，进线断路器应安装在配电柜（屏）进线侧。

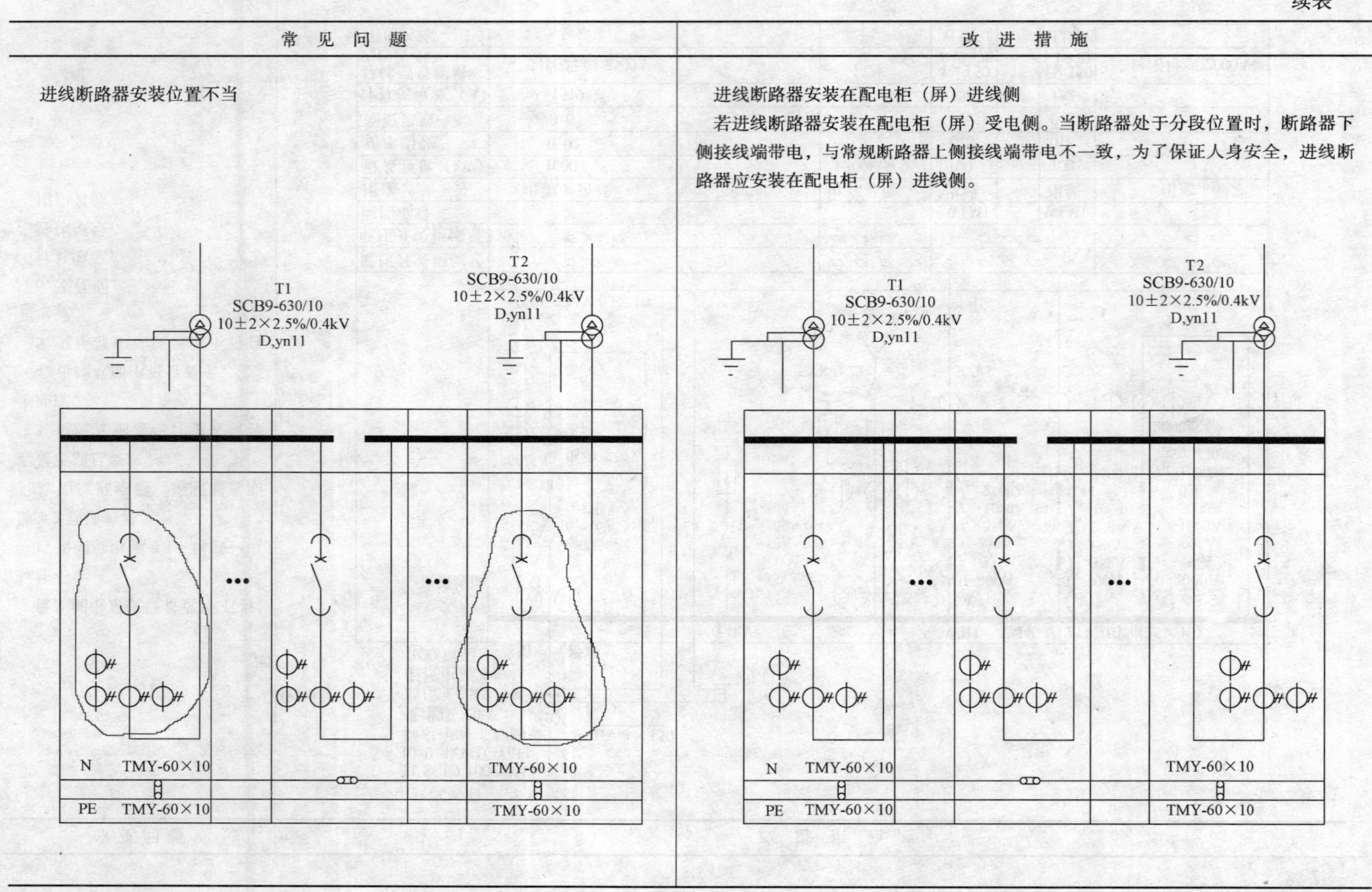

续表

常见问题	改进措施
断路器极限分断能力不能符合安装地点预期短路电流要求 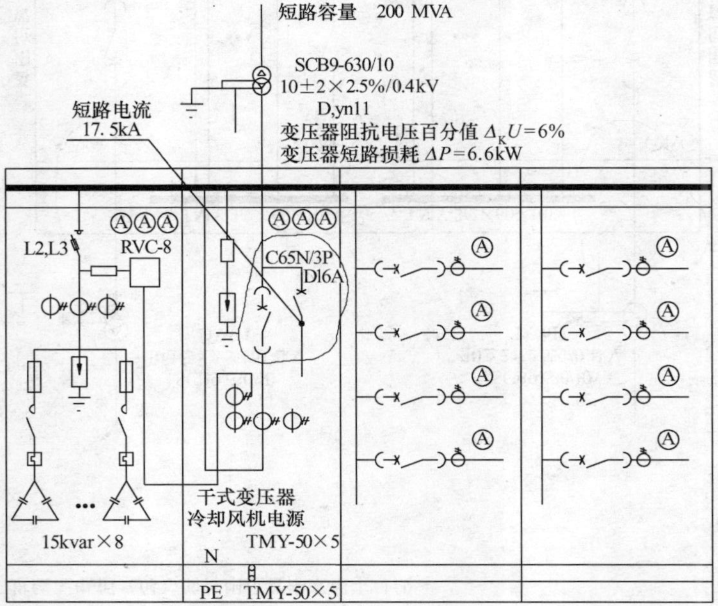 短路容量 200 MVA SCB9-630/10 10±2×2.5%/0.4kV D,yn11 短路电流 17.5kA 变压器阻抗电压百分值 $\Delta_K U$=6% 变压器短路损耗 ΔP=6.6kW L2,L3 RVC-8 C65N/3P DI6A 15kvar×8 干式变压器 冷却风机电源 N TMY-50×5 PE TMY-50×5	根据《低压配电设计规范》GB 50054—95 第 2.1.1 条“……五、电器应满足短路条件下的动稳定与热稳定的要求。用于断开短路电流的电器，应满足短路条件下的通断能力。”要求，微型断路器 C65N 安装处的预期短路电流为 17.5kA，而微型断路器 C65N 的分断能力为6kA，故应选择熔断器或塑壳断路器 NS100N，其极限分断能力为 25kA，满足要求。 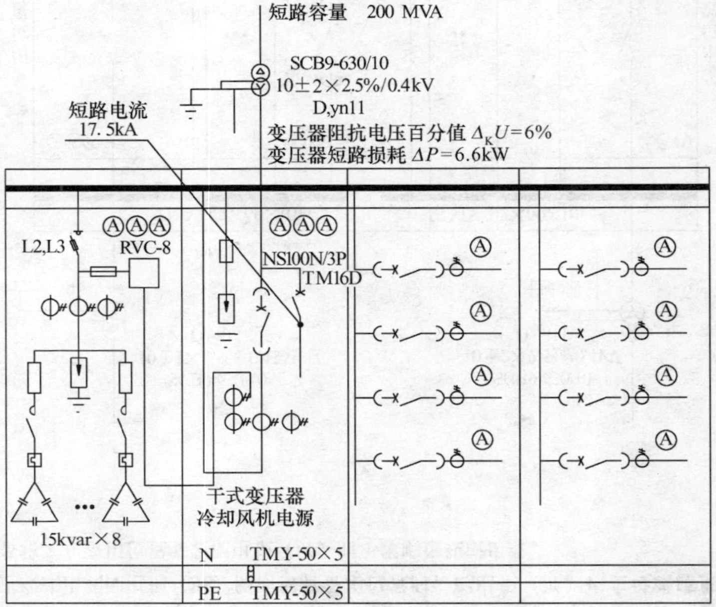 短路容量 200 MVA SCB9-630/10 10±2×2.5%/0.4kV D,yn11 短路电流 17.5kA 变压器阻抗电压百分值 $\Delta_K U$=6% 变压器短路损耗 ΔP=6.6kW L2,L3 RVC-8 NS100N/3P TM16D 15kvar×8 干式变压器 冷却风机电源 N TMY-50×5 PE TMY-50×5

续表

常见问题	改进措施
进线配电柜（屏）的备用位置中未留主母线	进线或出线配电柜（屏）侧面留有备用位置时，配电柜（屏）内主母线应贯通，以备将来在备用位置安装配电柜（屏）时不影响进线或出线。

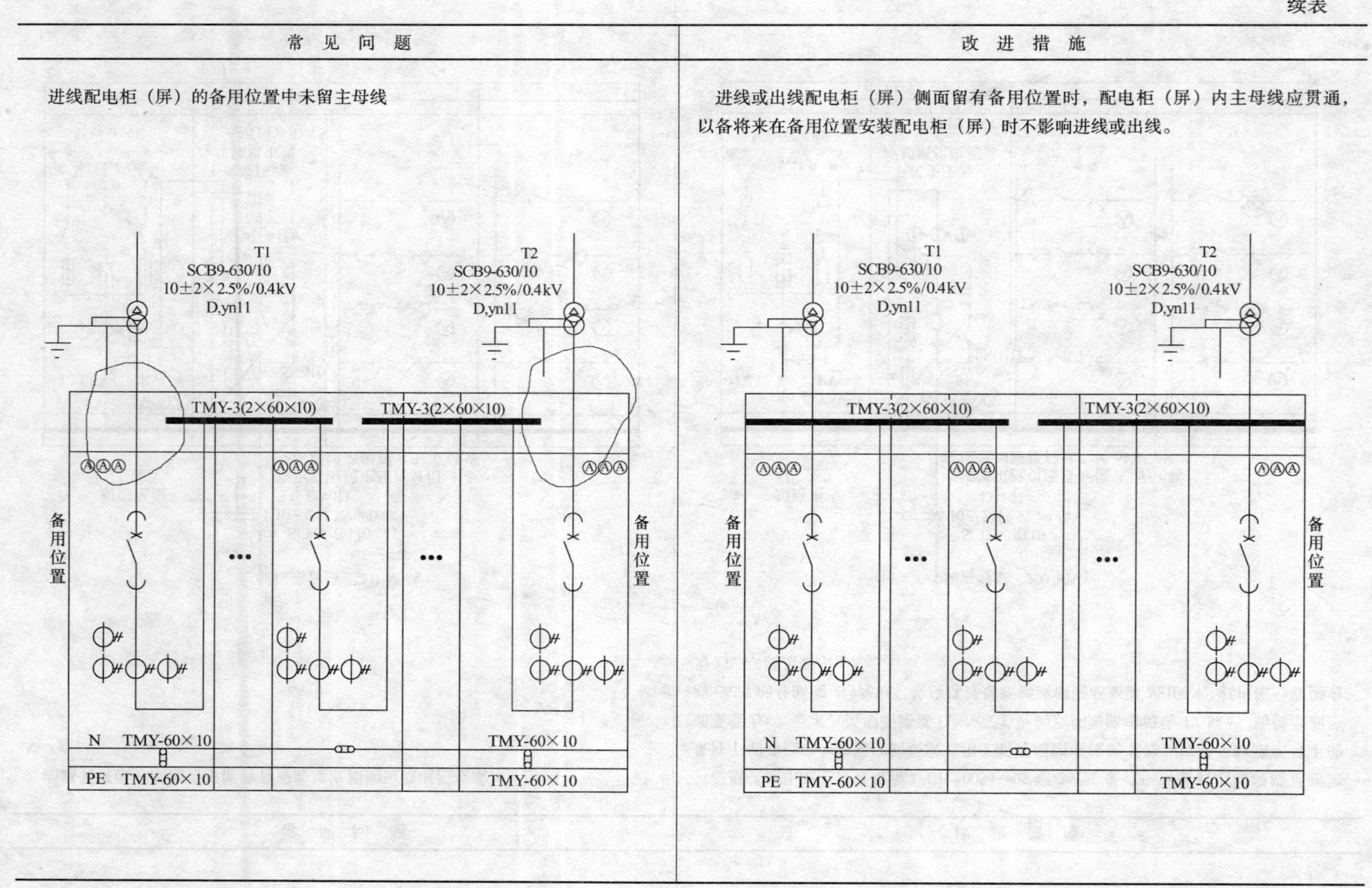

续表

常见问题	改进措施
电压互感器柜安装位置不当 进线隔离 / 进线断路器 / 专用计量 / 电压互感器 / 馈线 / 联络隔离 / 联络 / 馈线 / 电压互感器 / 专用计量 / 进线断路器 / 进线隔离	电压互感器柜应安装在进线断路器电源侧 单母线分段配电装置，当一路进线电源故障时，联络断路器在故障电源进线断路器脱扣后自动合闸，故障电源侧的电压互感器应监测电源恢复状态，以便在恢复供电后，发出自动或手动恢复原来供电状态信号。 进线隔离电压互感器 / 进线断路器 / 专用计量 / 馈线 / 联络隔离 / 联络 / 馈线 / 专用计量 / 进线断路器 / 进线隔离电压互感器

续表

常见问题	改进措施
长期运行的备用用电设备接线方式不完善 由两台变压器供电的长期运行两用一备的用电设备，若1号变压器供一台用电设备，2号变压器供两台用电设备。当2号变压器因故退出运行时，就只有一台用电设备运行；且变压器也不宜长期过载运行，2号变压器供电的两台用电设备只能有一台用电设备长期运行，这就不能保证所有的用电设备累计运行时间大致相等的要求。	修改后的接线图，每台用电设备增加手动操作的负荷转换开关，可任意选择变压器供电，根据用电设备累计运行时间最短优先运行。任一台变压器因故退出运行时，在变压器有效过载时间内，有两台用电设备运行。

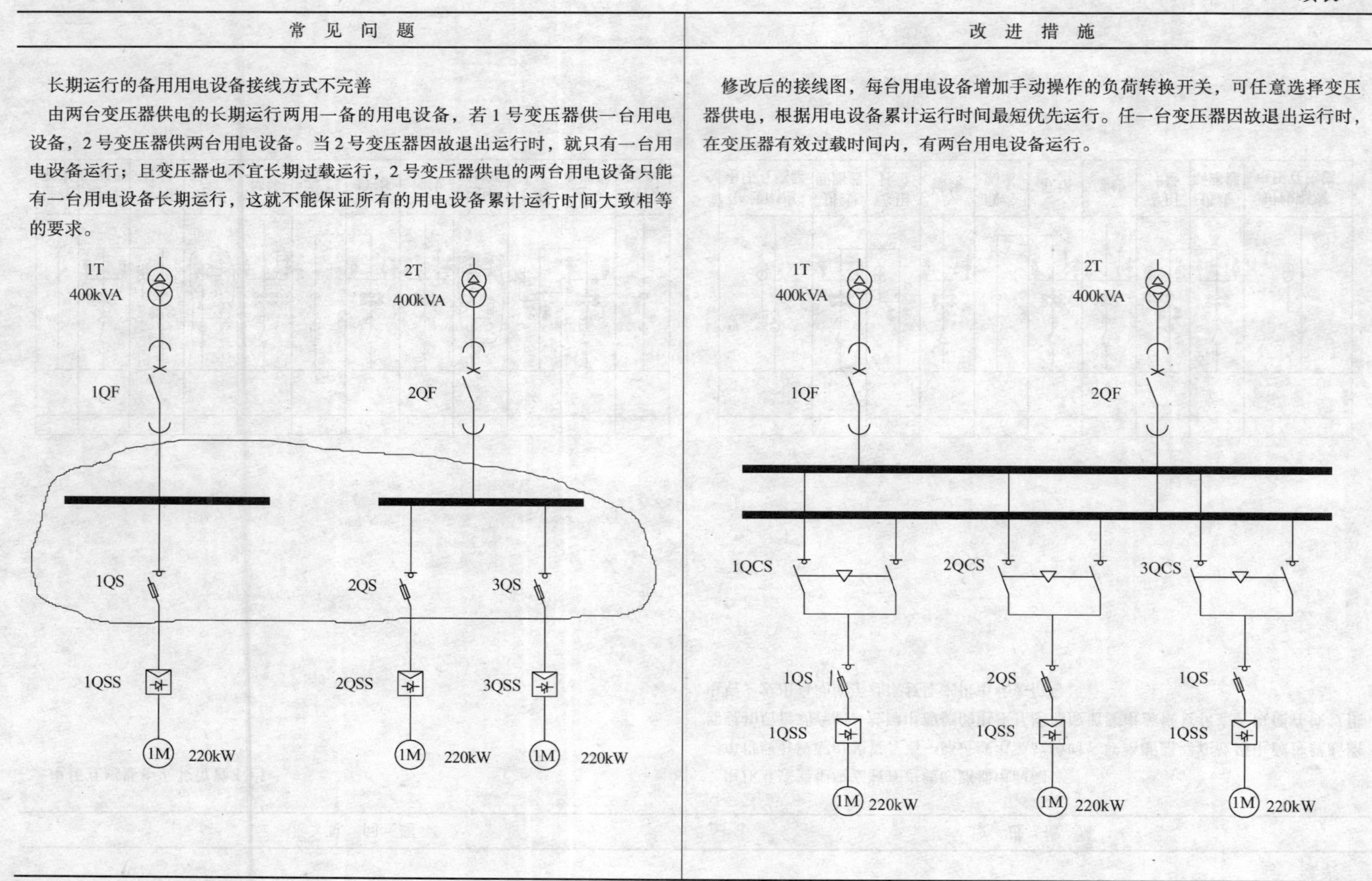

常见问题

预装式变电站接地做法不完善

1. 接地装置的埋设深度随意。

2. 接地线连接点不具体、不全面，影响其可靠性。

3. 未考虑接地网边缘的跨步电压

改进措施

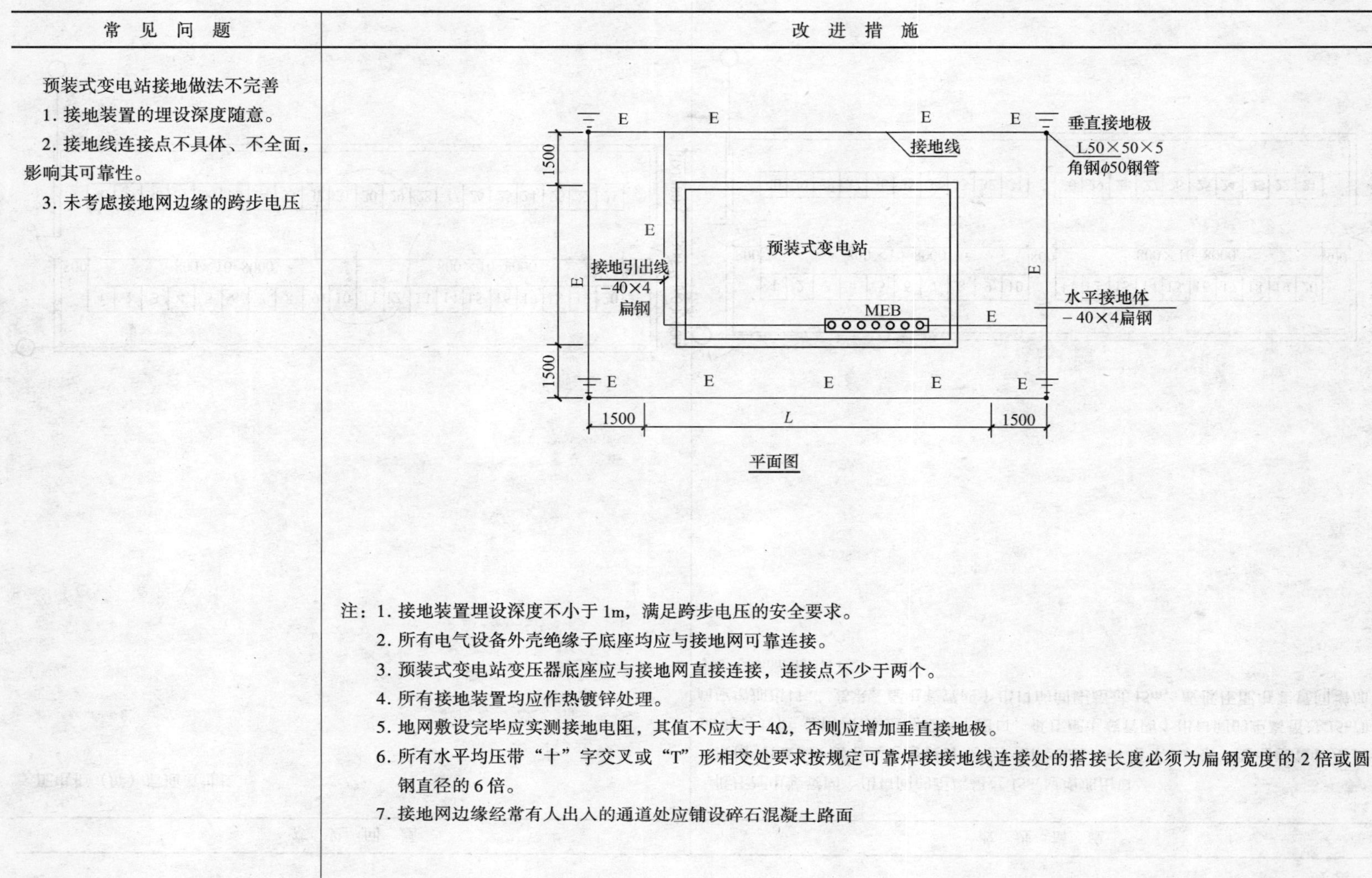

平面图

注：1. 接地装置埋设深度不小于1m，满足跨步电压的安全要求。

2. 所有电气设备外壳绝缘子底座均应与接地网可靠连接。

3. 预装式变电站变压器底座应与接地网直接连接，连接点不少于两个。

4. 所有接地装置均应作热镀锌处理。

5. 地网敷设完毕应实测接地电阻，其值不应大于4Ω，否则应增加垂直接地极。

6. 所有水平均压带“十”字交叉或“T”形相交处要求按规定可靠焊接接地线连接处的搭接长度必须为扁钢宽度的2倍或圆钢直径的6倍。

7. 接地网边缘经常有人出入的通道处应铺设碎石混凝土路面

续表

常见问题	改进措施
配电柜（屏）后通道过长	低压配电装置两个出口间的距离超过15m应增加出口。 根据《10kV及以下变电所设计规范》GB 50053—94第4.2.6条“配电装置长度大于6m时，其柜（屏）后通道应设两个出口，低压配电装置两个出口间的距离超过15m时，尚应增加出口。”要求，配电装置两个出口的间距超过15m，故低压配电装置间增加不小于800mm的出口。

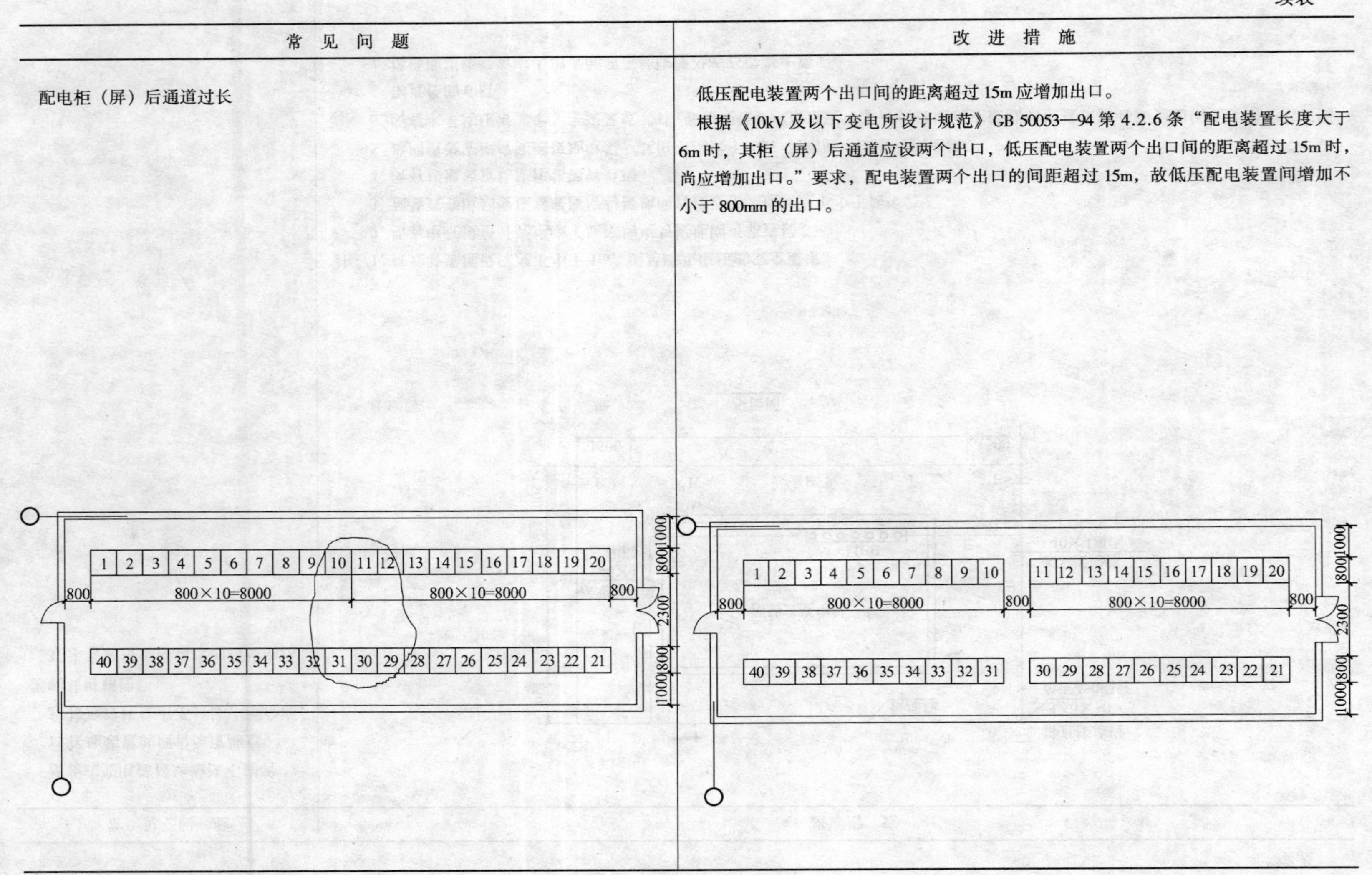

续表

常见问题	改进措施
高层住宅的配电系统不符合规范要求 消防负荷的末端切换不正确	

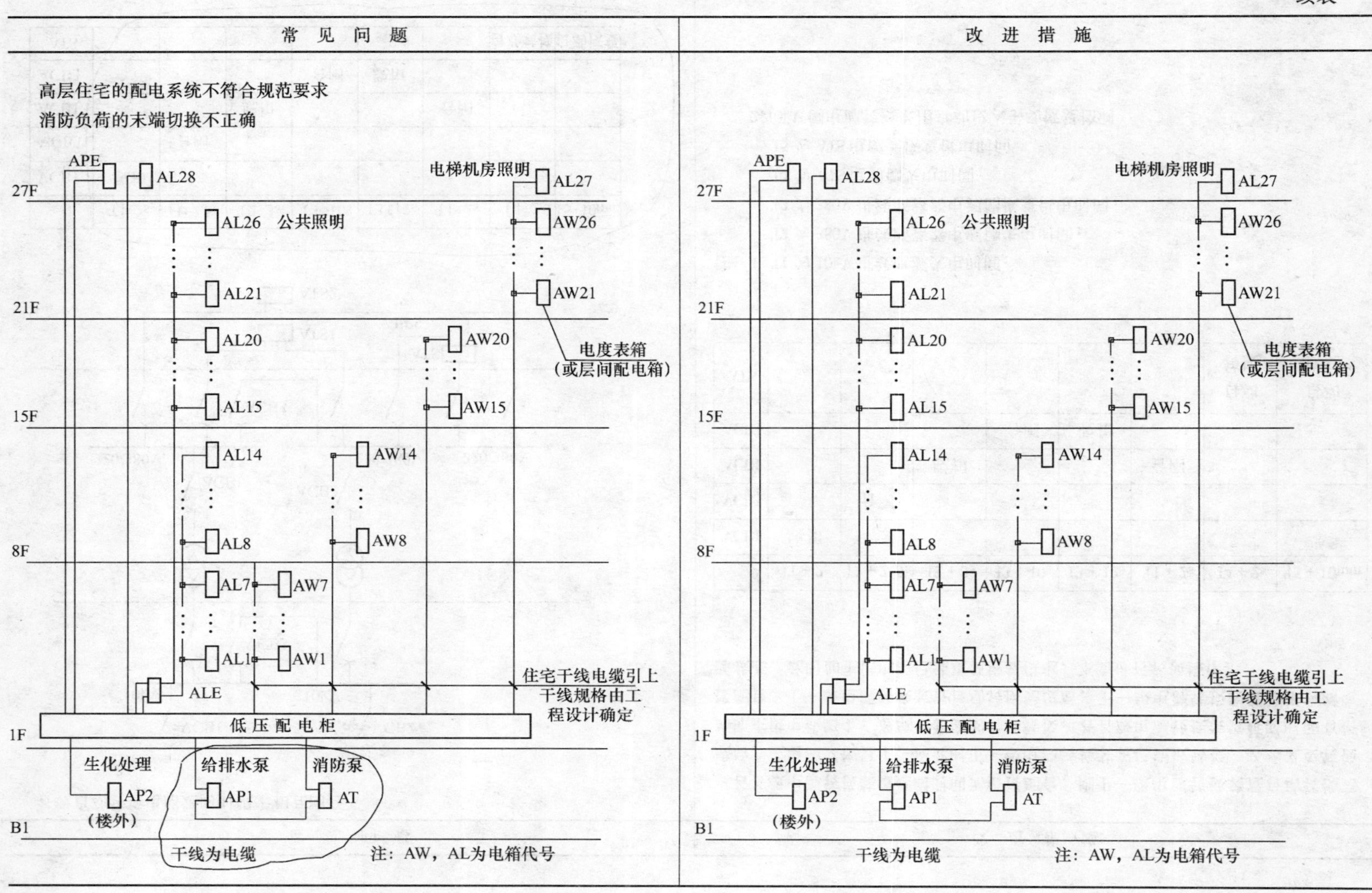

续表

常见问题	改进措施

各级自动转换电路延时时限未相互配合

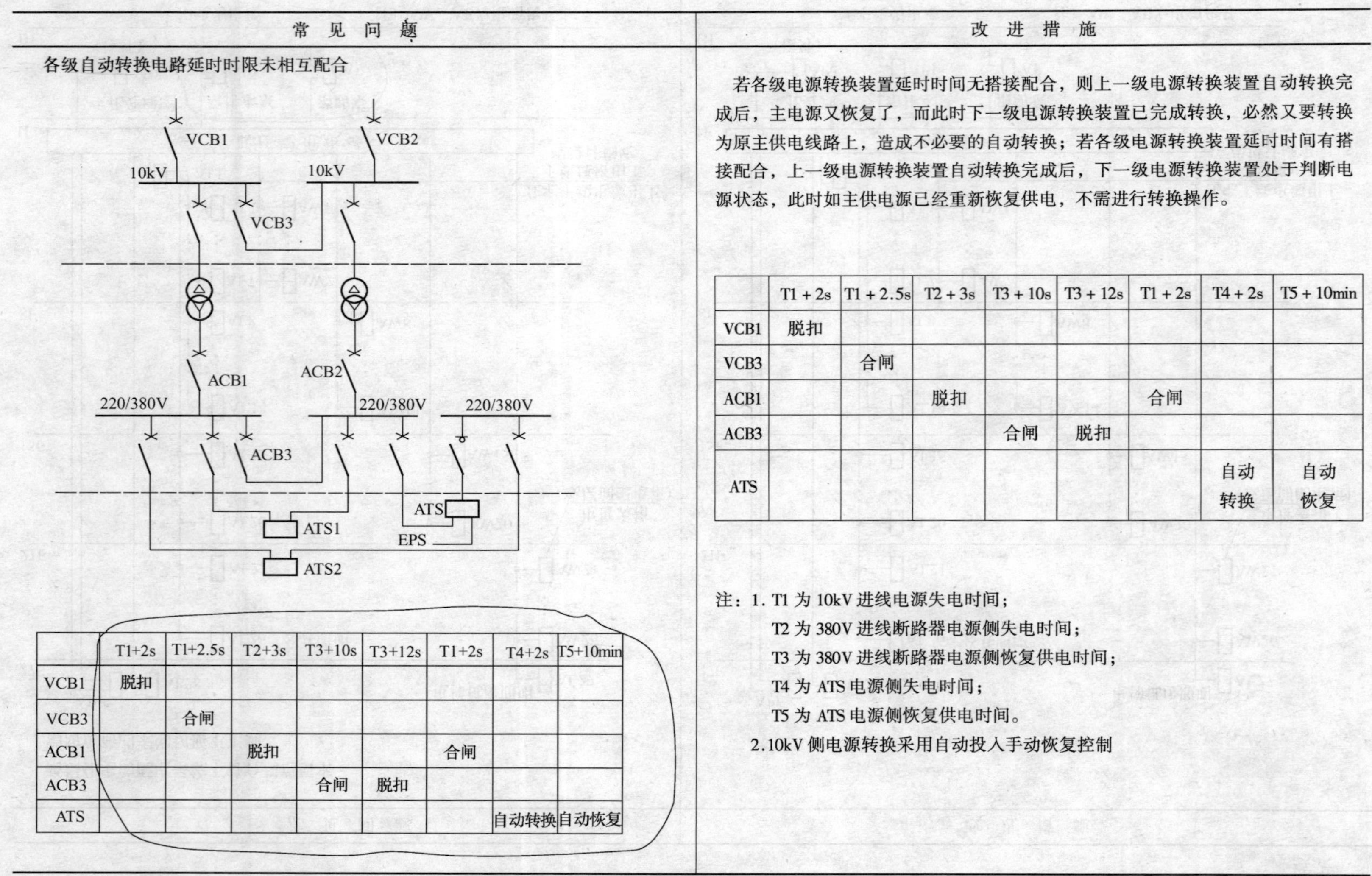

	T1+2s	T1+2.5s	T2+3s	T3+10s	T3+12s	T1+2s	T4+2s	T5+10min
VCB1	脱扣							
VCB3		合闸						
ACB1			脱扣			合闸		
ACB3				合闸	脱扣			
ATS							自动转换	自动恢复

若各级电源转换装置延时时间无搭接配合，则上一级电源转换装置自动转换完成后，主电源又恢复了，而此时下一级电源转换装置已完成转换，必然又要转换为原主供电线路上，造成不必要的自动转换；若各级电源转换装置延时时间有搭接配合，上一级电源转换装置自动转换完成后，下一级电源转换装置处于判断电源状态，此时如主供电源已经重新恢复供电，不需进行转换操作。

	T1 + 2s	T1 + 2.5s	T2 + 3s	T3 + 10s	T3 + 12s	T1 + 2s	T4 + 2s	T5 + 10min
VCB1	脱扣							
VCB3		合闸						
ACB1			脱扣			合闸		
ACB3				合闸	脱扣			
ATS							自动转换	自动恢复

注：1. T1 为 10kV 进线电源失电时间；

T2 为 380V 进线断路器电源侧失电时间；

T3 为 380V 进线断路器电源侧恢复供电时间；

T4 为 ATS 电源侧失电时间；

T5 为 ATS 电源侧恢复供电时间。

2.10kV 侧电源转换采用自动投入手动恢复控制

续表

常见问题	改进措施
航空障碍灯供电线路及保护不可靠 1. 航空障碍灯与其他负荷由同一个支路供电。 2. 供电线路截面小。 3. 供电接线方式不可靠	鉴于航空障碍灯的重要性及不便于维修等情况，建议： 1. 应由屋顶配电箱内的专用回路供电，其保护开关宜为二级，容量≥16A。 2. 导线宜为电缆或铜芯塑料线，截面≥4mm^2，穿金属管敷设。 3. 供电接线方式宜为环路供电，导线截面可≥2.5mm^2

续表

常见问题	改进措施
特低电压隔离变压器二次侧未设保护电器	因变压器合闸瞬间产生激磁涌流，可达变压器额定电流的 15 倍。一次侧采用 C 型（瞬时脱扣 5～7 倍额定电流）微型断路器保护，为了在合闸时断路器不动作，长延时整定值较大，不能有效地保护二次侧过负载，因此二次侧应设保护电器。

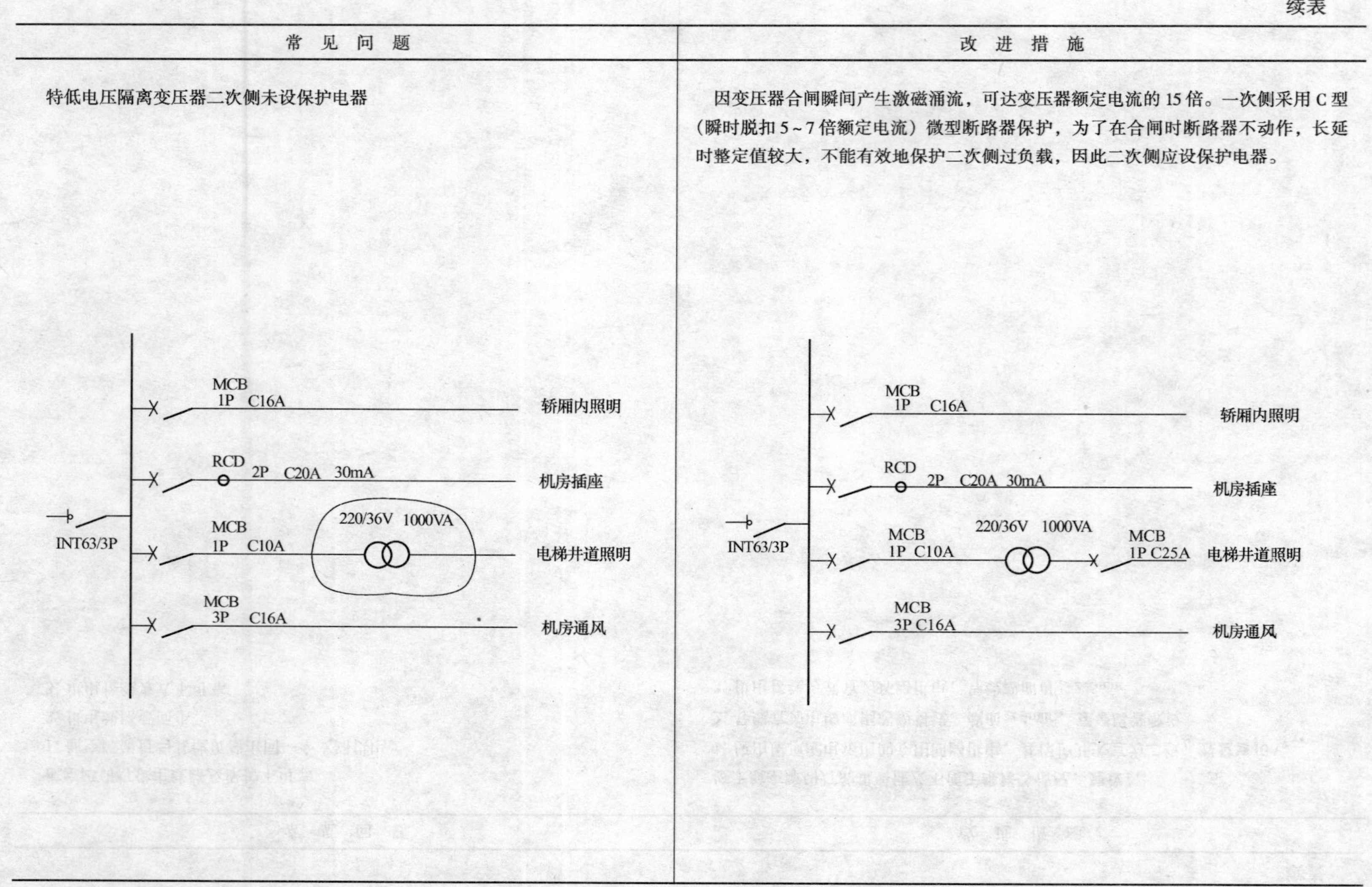

续表

常见问题	改进措施
电力电缆导体截面不能满足热稳定的要求	根据《低压配电设计规范》（GB 50054—95）第 4.2.2 条“……一、当短路持续时间不大于 5s 时，绝缘导体的热稳定应按下式进行校验：$S \geqslant \frac{I}{K}\sqrt{t}$……。”要求，$K$ 取值 143，t 取值 1s，I 为 10.976kA，则 S 等于 76.8mm²，故电缆导体截面由 50mm² 改为 95mm²。

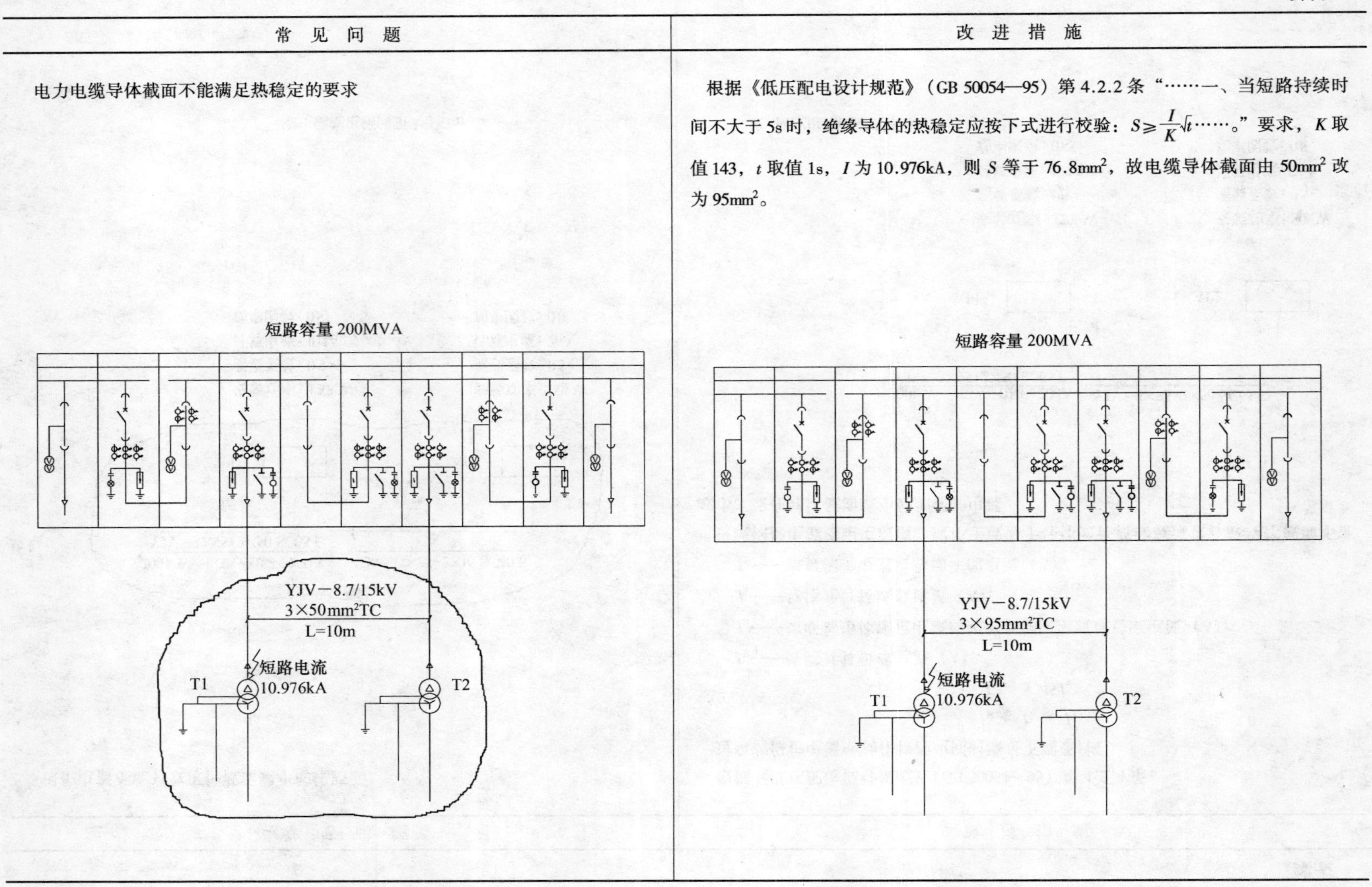

续表

常见问题	改进措施
保护电器不能有效保护截面减小的线路 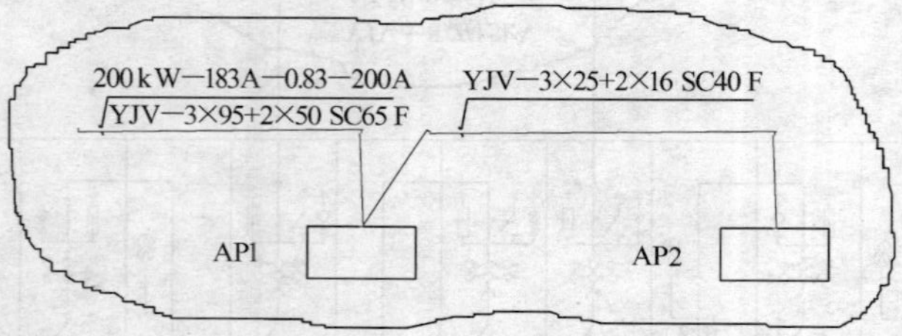 200kW—183A—0.83—200A YJV—3×95+2×50 SC65 F YJV—3×25+2×16 SC40 F AP1 AP2 AP1：安装功率：120kW；需要系数：0.5；计算电流：107A；功率因数：0.85 AP2：安装功率：80kW；需要系数：0.5；计算电流：76A；功率因数：0.8 注：两配电箱间距大于3m	根据《低压配电设计规范》（GB 50054—95）第4.3.4条： 过负荷保护电器的动作特性应同时满足下列条件： $I_B \leqslant I_n \leqslant I_z$ $I_2 \leqslant 1.45 I_z$ I_B——线路计算负载电流（A）； I_n——熔断器熔体额定电流或短路器额定电流或整定电流（A）； I_z——导体允许持续载流量（A）； I_2——布置保护电器可靠动作的电流（A）。 进线保护电器整定电流值，应小于或等于导体允许持续载流量，故导体截面不能减小，或在导体截面减小处加保护电器。 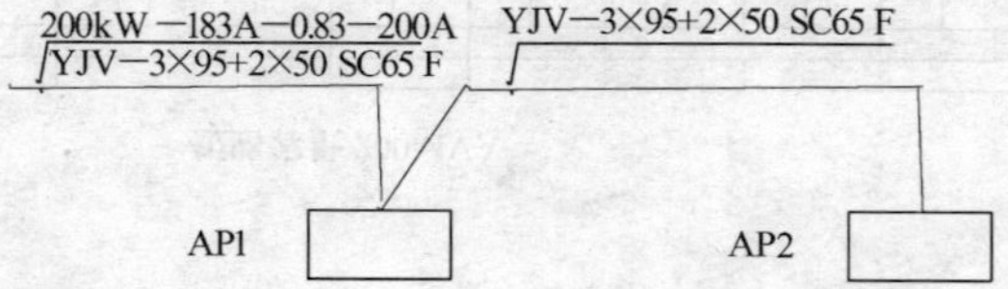 200kW—183A—0.83—200A YJV—3×95+2×50 SC65 F YJV—3×95+2×50 SC65 F AP1 AP2 AP1：安装功率：120kW；需要系数：0.5；计算电流：107A；功率因数：0.85 AP2：安装功率：80kW；需要系数：0.5；计算电流：76A；功率因数：0.8 注：两配电箱间距大于3m

续表

常 见 问 题	改 进 措 施
汽车库出入口未设过渡性照明	出入口坡道应设置过渡性照明，灯的开闭可采用光敏开关控制
车行指示灯与疏散指示灯相同 汽车库坡道上的车行指示灯与人员安全出口疏散指示灯相同	根据《汽车库、修车库、停车场设计防火规范》(GB 50067—97) 第6.0.1条规定，汽车坡道不能作为人员安全疏散出口，汽车坡道车行指示灯与人员安全出口指示灯应有区别

续表

常见问题	改进措施
利用混凝土内钢筋作接地，未设接地连接板	根据《建筑物防雷设计规范》（GB 50057—94）（2000年版）第4.2.4条： “……当利用混凝土内钢筋、钢柱作为自然引下线并同时采用基础接地体时，可不设断接卡，但利用钢筋作引下线时应在室内外的适当地点设若干连接板，该连接板可供测量、接人工接地体和作等电位联结用。……连接板处宜有明显标志。”要求，在建筑物外侧适当处增加接地连接板。

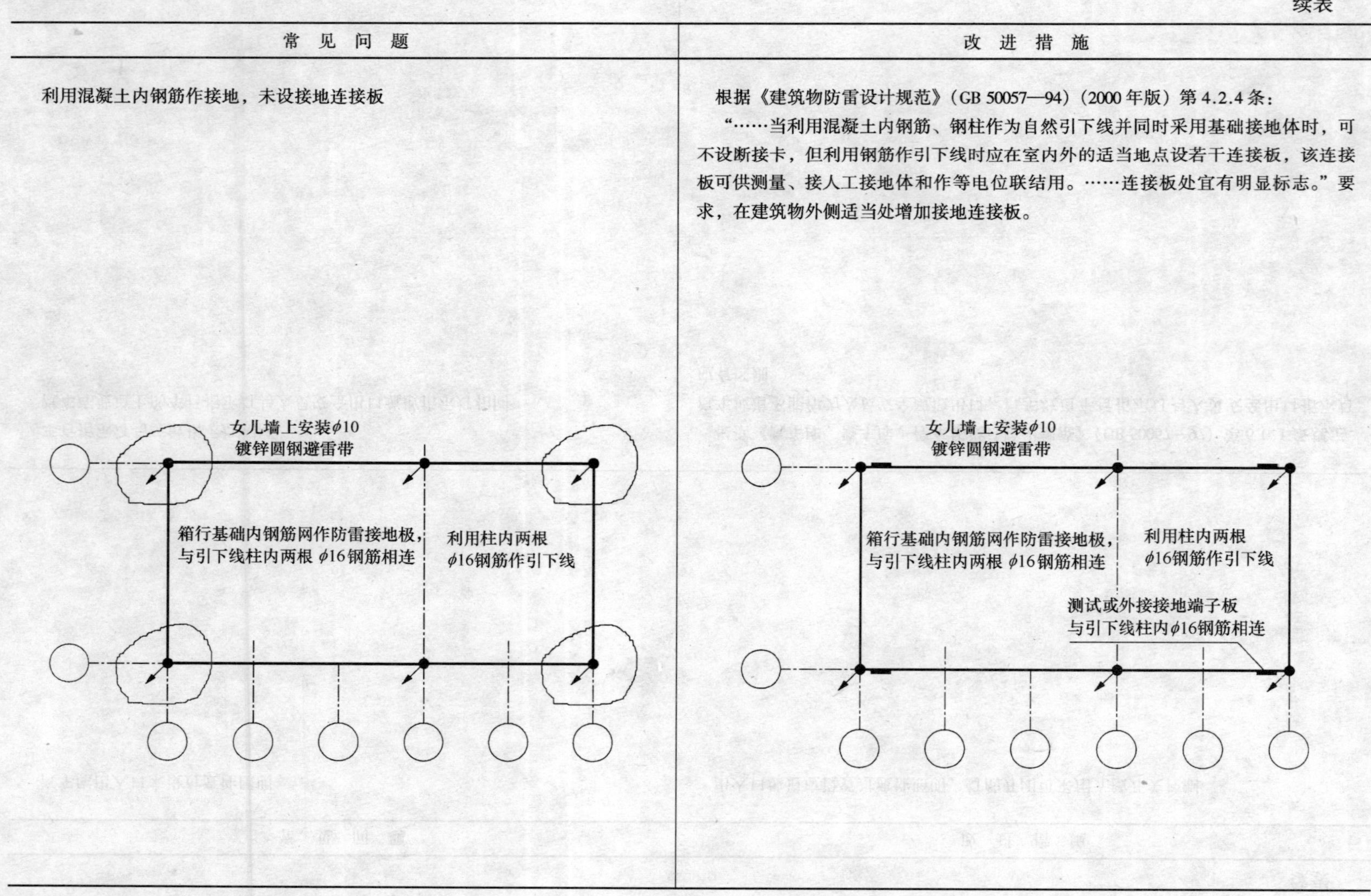

常见问题	改进措施
洗浴设备未设（或设不全）等电位联结 有些工程中等电位联结做得不完整，仍不能保证安全。 1. 未做浴盆，只做水龙头的等电位联结。 2. 室内暖气片未做等电位联结	根据《住宅设计规范》（GB 50096—1999）（2003 年版）规定：设洗浴设备的卫生间应作等电位联结。

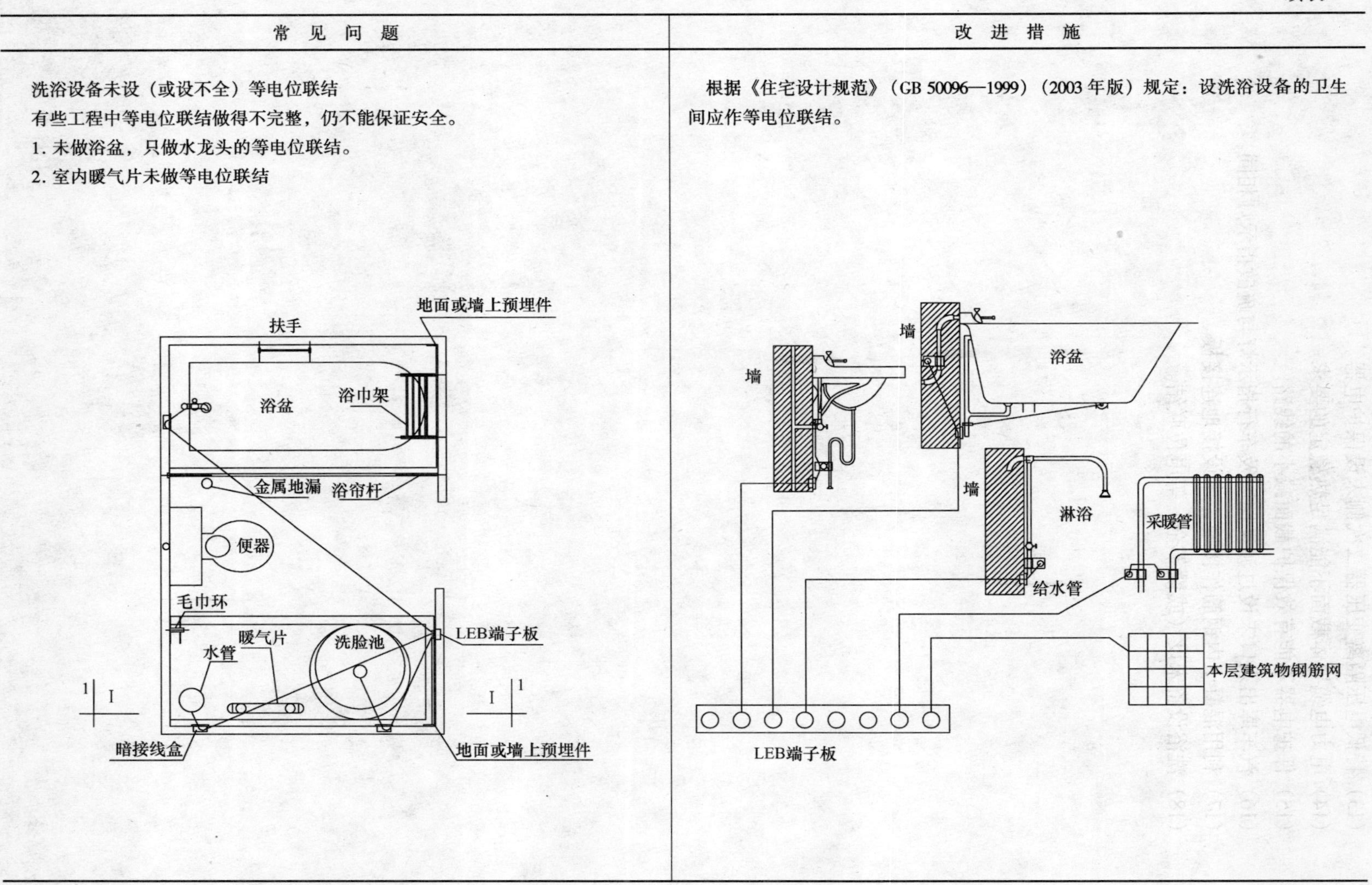

（13）特低电压隔离变压器二次侧未设保护电器。
（14）电力电缆导体截面不能满足热稳定的要求。
（15）保护电器不能有效保护截面减小的线路。
（16）汽车库出入口未设过渡性照明及车行指示灯与疏散指示灯相同。
（17）利用混凝土内钢筋作接地，未设接地连接板。
（18）洗浴设备未设（或设不全）等电位联结。

第3章 电气节能设计咨询要点

3.1 节能诊断工作思路

现场调查——抽样检测——复核设计图纸——模拟计算分析——提出存在问题——分析解决问题的方法及改造费用——提出解决问题的关键技术措施——提出最佳的节能改造方案——工程改造施工图设计——配合施工。

3.2 节能诊断标准及目标值

1. 提出的“2005年力争节能8%”的要求；
2. 中华人民共和国《公共建筑节能设计标准》(GB 50189—2005)；
3.《采暖居住建筑节能检验标准》(JGJ 132—2001)；
4. 北京市地方标准《公共建筑节能设计标准》(DBJ 01-621—2005)；
5. 参照现有国内外现有同类建筑的能耗情况。

3.3 现场询问调查

1. 使用单位情况：职能、人员数量、部门情况、工作时间等等；
2. 建筑情况调查：地点、建筑面积、占地面积、工作人员人均使用面积、建筑高度、建筑楼层数量、设计及竣工使用时间等等；
3. 机电系统调查：采暖、空调、通风、变配电、照明、电梯、给水排水、楼宇自动控制等系统的设置型式和方式、设备配置、设备运行记录、运行参数记录、运行机制、管理体系以及运行过程中所采取的节能措施等等内容；
4. 建筑能源情况调查：这部分既包括上述各种机电系统，也包括其他如办公设备等的能耗，具体内容是：能源结构和能源型式、能源的供应量、实际能源的年消费量、能源年费用支出。

3.4 现场测试调查

调查主要用于对现有建筑实际情况的性能调查，及使用运行管理方式调查。

电能的传递路径和转换效率如图3-1。

1. 照明系统（包括光源、电器、控制器等）

(1) 光源及灯具：选用什么样的光源，(白炽灯、荧光灯等) 光通量，是否节能；灯

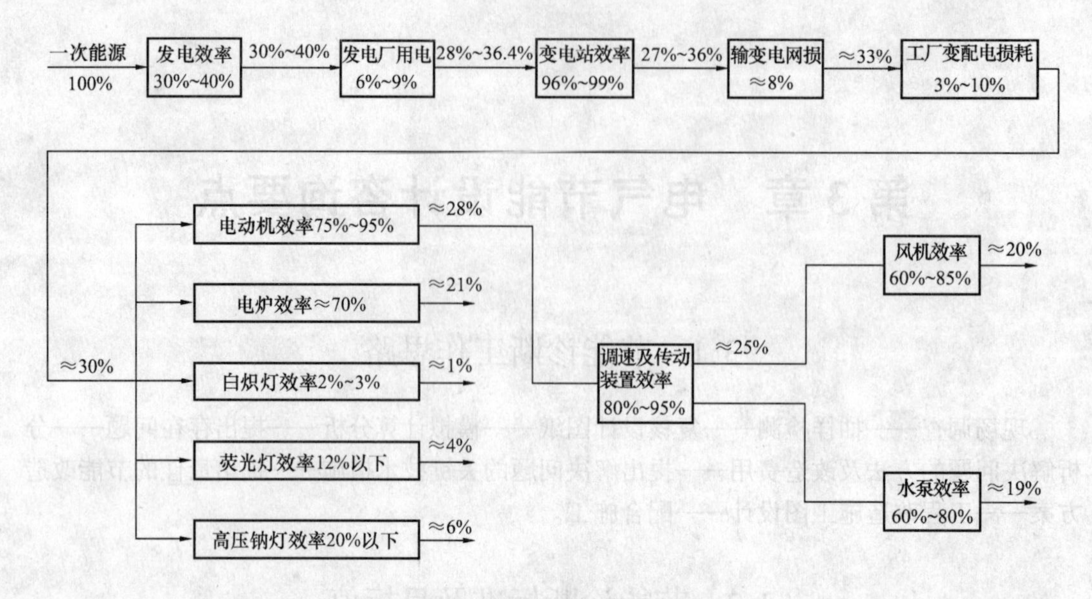

图 3-1　电能的传递路径和转换效率

具的效率；与现行照明节能标准比较，附件：镇流器的选型、能耗、谐波量。

1）检查建筑内不同场所的照度标准，采用照度计表对典型场所的工作面照度进行测量，对照国家照明标准，对过高的场所进行调整。

2）检查建筑内照明灯具所采用的光源，白炽灯等为低效光源，耗电量大、光通量低、应改为采用节能灯，既提高照度，又降低了电能的消耗。节能灯/W 的光通量 = 5 ~ 6 倍白炽灯/W 的光通量。

3）检查建筑内照明是否符合现行的《建筑照明设计标准》中的照明功率密度值的要求。

4）灯具形式的选择及灯具质量的差异，均会造成灯具效率的变化；不同的灯具形式具有不同的配光曲线，不同的反射系数等。

5）荧光灯所用镇流器是采用电感式或电子式，尽量采用低谐波电子式镇流器，降低镇流器自身的能耗，提高荧光灯的功率因数。

6）照明方式：直接、间接、一般和局部照明相结合；

检查建筑内办公场所的照明方式，间接照明方式的光效率极低，要达到目标照度值应减少间接照明，采用直接照明的方式；推荐增加局部照明的方式，减少一般照明的量，达到节能的目标。

7）照明维护：清洁处理、维护时间；检查建筑内照明灯具的清洁程度，不能及时清洁、维护的灯具将造成光效率下降，增加电能的消耗。

8）环境状况：墙、吊顶、地面的反射率；

检查建筑内工作场所内墙、吊顶、地面的装修材料及涂料的选用，不同材料对光的反射率差异很大，应尽量采用白色或浅色且表面光滑的涂料，提高对光的反射率，以达到降低单位照明功率的目地。

9）控制方式：是集中、分散、手动、自动；是否可平行窗户进行控制；

检查建筑内对不同区域的照明灯具的开闭控制方式，一只开关控制较大区域照明灯具的方式也是造成电能浪费的原因之一，尤其是敞开式办公室；当人少时，照明灯具仍然是满堂光，造成电能极大的浪费。小办公室可改为分灯具控制，大办公室可改为分行（列）控制或分区域控制，使用哪个区域，开启哪些灯。

根据具体情况和条件，适当增加照明灯具的智能自动控制；可考虑按照上、下班时间段，同时参考季节的变化，进行时间控制。

也可采用更高一级的，即依据人员是否在场对照明进行自动控制。该方式还可用于对空调末端风机盘管的自动控制，以达到最大程度的节约电能。

10）智能照明控制系统的应用效果。

(2) 实现照明控制智能化

采用智能照明控制系统后，可使照明系统运行在全自动状态，系统将按预先设置切换若干个基本工作状态，通常为“白天”、“晚上”、“安全”、“清洁”、“周末”和“午饭”等，根据预设定的时间自动地在各种工作状态之间转换。

例如，上班时间来临时，系统自动将灯打开，而且光亮度会自动调节到工作人员最合适的水平。在靠窗的房间，系统能智能地利用室外自然光，当天气晴朗，室内灯会自动调暗；天气阴暗，室内灯会自动调亮，以始终保持室内恒定的亮度（按预设定要求的亮度）。

当每一个工作日结束，系统将自动进入“晚上”工作状态，自动缓慢地调暗各区域的灯光；同时，系统的动静探测功能将自动生效，让没有人的办公室的灯光自动关掉；相反，动静探测能保证有员工加班的办公区灯光处于合适的亮度。

系统还能使公共走道及楼梯间等公共区域的灯协调工作，当办公区有员工加班时，楼梯间、走道等公共区域的灯就保持基本的亮度，只有当所有办公区的人走完后，才将灯调到“安全”状态或关掉。

此外，还可用手动控制面板或遥控器等，随意改变各区域的光照度。

对于接待大厅、餐厅、会议室、休息室和娱乐场所，则可根据一天中的不同时间、不同用途精心地进行灯光的场景预设置，使用时只需调用预先设置好的灯光场景，达到最佳的视觉效果。

(3) 改善工作环境，提高工作效率

在办公室，配可调光电子镇流器的荧光灯在智能照明控制系统控制下与传统的荧光灯照明系统相比具有显著的优点。因为传统镇流器的荧光灯以100Hz的频率闪动（电网频率的2倍），这种频闪使工作人员头脑发胀，眼睛疲劳，降低了工作效率。而可调光电子镇流器则工作在很高的频率（40~70kHz），不仅克服了频闪，而且消除了由于使用起辉器而造成起辉时的亮度不稳定，给员工提供了比精良的房间装饰和高档办公用具更为重要的有利于健康的舒适环境，同时也提高了工作效率，而这一点却给业主带来预想不到的巨大经济回报。

(4) 维持照度的一致性

一般照明设计师在对新的办公用房照明设计时，照度标准比要求照度要高，初始是700lx，而标准照度为400lx。这是考虑到随着时间的推移，灯的效率和房间墙面反射率不断衰减的缘故。如果设计师在初期就按标准照度设计，那么，无须多长时间房间照度就会低于标准，而不符合办公照度要求。正是由于这种新房间照度的偏高设计，不仅造成办公用房使用期（或两次装饰的间隔期）的照度不一致性，而且由于照度偏高造成不必要的能源浪费。

采用智能照明控制系统，由于可以智能调光，尽管照度还是偏高设计，但系统将会按照预先设置的标准亮度使办公室在使用期内保持恒定的照度，而不受灯具效率降低和墙面反射系数衰减的影响，这是安装智能照明控制系统又一个不易被人们察觉的好处。如图3-2所示，传统照明系统的房间照度曲线呈锯齿状，使用智能控制系统以后，呈水平直线，阴影部分为节约的能源。

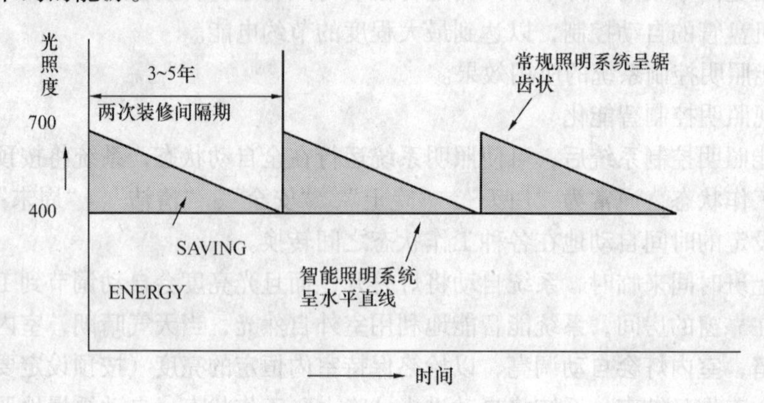

图 3-2 照度一致性示意图

(5) 可观的节能效果

现代化的办公大楼除了给员工提供舒适的工作环境外，节约能源和降低运行费用是业主们关心的又一个重要问题。

按国际标准，办公室的最佳光照度为400lx，办公大楼的最佳照度为150~300lx（不是越高越好），智能照明控制系统能利用智能传感器感应室外光线，自动调节光照度，即室外自然光强，室内灯光变弱；室外自然光弱，室内灯光变强，以保持办公室恒定的标准照度，既创造了最佳的工作环境，又达到节能的效果。

现以办公区域灯光为例，示意在办公区使用智能照明控制系统，利用光照补偿以及时间段管理，实现节能的最终效果，各部分暂按三回路划分。如表 3-1：

办公区智能照明控制系统　　表 3-1

时 间 段	自 然 光	外圈回路 1	中圈回路 2	内圈回路 3
23 点 ~ 8 点	极少	关闭	关闭	关闭
8 点 ~ 10 点	少	60%	70%	80%
10 点 ~ 12 点	较充足	30%	50%	70%
12 点 ~ 14 点	充足	0%	30%	50%
14 点 ~ 17 点	较充足	30%	50%	70%
17 点 ~ 19 点	少	60%	70%	80%
19 点 ~ 23 点 根据加班待定	极少	80%	90%	100%

由于智能照明控制系统能够通过合理的管理：利用智能时钟管理器可以根据不同日期、不同时间按照各个功能区域的运行情况预先进行光照度的设置，不需要照明的时候，保证将灯关掉；在大多数情况下很多区域其实不需要把灯全部打开或开到最亮，智能照明

控制系统能用最经济的能耗提供最舒适的照明；在一些公共区域如会议室、休息室等，利用动静探测功能在有人进入的时候才把灯点亮或切换到某种预置场景。

智能照明控制系统能保证只有当必需的时候才把灯点亮，或点到要求的亮度，从而大大降低了大楼的能耗，延长灯具寿命。

灯具损坏的致命原因是电网过电压。灯具的工作电压越高，其寿命则成倍降低。反之，灯具工作电压降低则寿命成倍增长。因此，适当降低灯具工作电压是延长灯具寿命的有效途径。

智能照明控制系统能成功地抑制电网的冲击电压和浪涌电压，使灯具不会因上述原因而过早损坏。还可通过系统人为地确定电压限制，提高灯具寿命。

智能照明控制系统采用了软启动和软关断技术，避免了开启灯具时电流对灯丝的热冲击，使灯具寿命进一步得到延长。

智能照明控制系统能成功地延长灯具寿命 2～4 倍。不仅节省大量灯具，而且大大减少更换灯具的工作量，有效地降低了照明系统的运行费用，对于难安装区域的灯具及昂贵灯具更具有特殊意义。

(6) 提高管理水平，减少维护费用

智能照明控制系统，将普通照明人为的开与关转换成了智能化管理，不仅使大楼的管理者能将其高素质的管理意识运用的照明控制系统中去，同时还将大大减少大楼的运行维护费用，并带来极大的投资回报。

2. 变配电系统（包括变压器、计量系统、配电系统、主要线缆等）

(1) 变压器

随着电力市场的快速发展，电力系统对干式变压器的需求量也越来越大。基于我国资源紧缺的基本国情，建设资源节约型社会势在必行，所以研发更为节能的变压器已经迫在眉睫。

为满足市场要求，双容量变压器提出了一种新的运行方式，通过改变接线，使变压器在不同的负载下按不同的接线运行。通过磁通密度变化，这种变压器在低负载时具有极低的空载损耗，只有普通变压器的 25% 以下，比非晶合金铁芯的变压器空载损耗还要低，从而取得巨大的经济效益。而且该技术可适用于各种联结组、电压等级、调压方式、不同容量的变压器。双容量变压器的两个容量之比可根据不同的负载损耗对空载损耗之比设计成 2:1。变压器的一次、二次绕组都是轴向双分裂结构，双分裂的两部分结构对称，全绝缘，电气参数相同，变压器的一侧设有调压绕组。接线及运行方式变压器一次绕组的两部分通过换接开关可以接成串联或并联结构，二次绕组的两部分通过另一换接开关也可以接成串联或并联连接。在正常负载情况下，变压器的一次、二次绕组以并联方式运行，这时变压器为全容量运行，与普通变压器一样，可以适用于负载率从 0～100% 的范围；在低负载（负载率小于 33%时）时，变压器的一次、二次绕组以串联方式运行，这时变压器的额定容量是全容量的 1/4。

由此可见，双容量变压器可以为客户在低负载时实现节能的愿望，降低设备的运行成本。通过改变接线，使变压器在不同的负载下按不同的接线运行。通过磁通密度变化，这种变压器在低负载时具有极低的空载损耗，从而实现节能。

同时，节能型变压器大都采用新结构、新材料、新工艺，散热条件好、热寿命长、过负荷能力强，在通风条件良好的情况下，在120%负荷下可安全可靠运行。在防护等级IP23或IP45环境下无须强迫风冷，仍可长期满负荷运行。打破了环氧浇注产品必须带风机运行的格局，减少了变压器的维护工作量和辅机的功率损耗，从而实现节能的愿望，降低设备的运行成本。

1）检查建筑内所采用的电力变压器是否为低损耗的节能型，如不是应考虑更换。

2）检查建筑内所采用的电力变压器的负荷率（不同季节），如普遍偏低，说明变压器选大了，变压器自身的损耗则大，应根据实际情况调整变压器的台数或降低变压器的单台容量，合理地选用变压器。

3）对于大型建筑，设置的变压器台数大于两台，可考虑将变压器负荷的分配按照冬、夏季负荷变化，将夏季较大负荷：如电制冷的冷水机组及相关设备由专用变压器供电，季节转换后可停掉这部分变压器，以达到节能的目标。

(2) 用电计量

是否有分区、分部门计量；

检查建筑内是否有分区、分部门计量装置，如果没有可考虑增设，用于加强各部门自身的管理，以达到节能的目标。

(3) 变配电所

变配电所是否深入负荷中心，偏离后长期运行的线路损耗；变配电系统谐波检测、配电设备和线路是否合理；

1）检查建筑内变配电所设置的位置是否为负荷中心，如果不是，将会产生长期的线路上的电能损耗。

2）检查建筑内是否因为大量使用计算机，电子镇流器等设备而产生了大量的高次谐波，也将造成电能的浪费，可增加谐波抑制器消除高次谐波。

(4) 其他用电设备

1）电开水器的管理、控制。

检查建筑内电开水器的管理方式和控制方式，避免24h常开的运行方式，而采用自动定时控制。

2）电梯的运行方式：分控或群控。

检查建筑内多台电梯的控制方式，分控能造成电梯空载运行，尽量实现合理的群控方式，避免电梯空载运行，节约电能。

3）检查水泵是否采用变频控制，变频控制节约电能非常可观。中央空调水泵节能控制系统是应用在中央空调循环水泵上的节电设备，它可以调整水泵的输出功率，中央空调的主机会随着环境负荷的变化，相应的调整输出功率，中央空调水泵节能控制系统会使循环水泵的输出功率响应主机的负荷变化，与主机协调一致，从而起到降低能耗的作用。

中央空调水泵节能控制系统由监控系统、专用软件、变频系统、控制系统等部分组成。其工作原理是通过检测监控系统将检测到的数据传递给专用软件，经处理后指挥系统进行变频运行，通过控制系统降低水泵电机的转速，从而达到节约电能的效果。

(5) 建筑设备监控系统

1）检查建筑内是否设有建筑设备监控系统，该系统可以使电力系统、空调系统、照明系统等达到理想节能的运行状态，如未设可根据具体情况，提出可行的、合理的解决方案。

2）系统的运行状态、管理方式和手段；

检查建筑内建筑设备监控系统运行状态，程序设定的合理性、节能的实用性等，对不合理的部分进行修改，以达到节能的目标。

3. 复核设计图纸

(1) 在开始工作阶段，即向甲方索要本工程的设计图纸或竣工图及工程改造记录；

(2) 根据图纸的要求和现场查验情况，核对现场实际情况是否与图纸相符合；

(3) 对图纸本身进行节能评价。

4. 模拟计算和分析

(1) 根据设计图纸，构建全年能耗模拟分析计算模型；

(2) 根据现场调研的资料，对上述所构建的模型进行修正的调整；

(3) 采用国内外先进的能耗分析软件，对该建筑进行全年能耗分析计算。

5. 提出存在问题

根据上述工作，并结合相关评价标准，提出建筑在能耗方面存在的问题；重点内容包括：

(1) 系统设计问题；

(2) 施工存在的问题；

(3) 运行管理问题；

(4) 设备问题。

6. 根据上述问题，提出相应的解决方案，并进行改造投资方面的论证和比较。

7. 节能改造问题

(1) 结合建筑的实际情况，通过节能与技术经济的比较，提出针对本建筑所要解决的主要问题；

(2) 评价目标——以最小的改造代价，达到要求的节能率目标。

8. 改造设计与施工配合

(1) 根据上述论证结果，提出节能改造的具体措施和实施要求；

(2) 在符合相关规定的前提下，提供节能改造设计图；

(3) 根据业主需要，配合进行节能改造的施工现场技术服务工作。

3.5 诊断工作时间计划

1. 时间计划与所诊断的建筑的现场实际情况有关（包括建筑规模、建筑功能、使用情况、现有资料的齐全度、图纸齐全情况、甲方人员的情况等等）。就一般情况而言，完成上述 1～8 项工作所需要的时间为 15～20 天。

2. 上述第 8 项工作需要另行与甲方签订相关合同。

3.6 拟配备的专业技术人员

非常荣幸能够参加“北京市政府机构节能工程”节能诊断单位的投标。我院非常重视，专门成立了节能诊断工作项目组，配备了暖通空调专业、电气专业的技术人员。

3.7 电气所需仪器设备

（1）照度计；

（2）万用表；

（3）摇表；

（4）多功能钳型表；

（5）测距仪；

（6）漏电保护测试仪；

（7）谐波测试仪等。

3.8 需要被诊断方提供的资料

1. 建筑物的基本情况

（1）建筑专业、暖通专业、电气专业的竣工图（主要包括建筑围护结构的材料做法、建筑物的平剖面图、采暖空调系统、强弱电系统的设计说明和系统原理图等）和改造记录；

（2）所有正在运行的采暖、空调、通风设备、电气设备的性能参数及运行状况；

（3）建筑内工作人员数量及办公、照明设备种类、数量；

（4）建筑内温湿度及工作人员对目前室内环境的满意度。

2. 运行管理数据

（1）2002年以来采暖、空调系统冷、热源和采暖、空调系统、给水系统、生活热水系统输送设备运行记录及年总能耗、冷、热源能耗、采暖空调系统的输送能耗、照明能耗；

（2）目前系统的运行策略和节能措施；

（3）目前系统存在的问题。

3.9 诊 断 工 程 实 例

1. 建筑物概况

（1）建筑物概况

1）建筑物名称：××××办公楼

2）地址：北京市西城区

3）设计建造年代：1987~1992年

4）人员数量：正式职工476人，临时职工72人

5）建筑面积：总计16811.10m^2

6）建筑总高度：约48.90m

7）体形系数：0.207

建筑物基本情况 表3-2

	地址	建造年代	人员数量	建筑面积（m²）	高度（m）	体形系数
业务楼（北楼）	北京市西城区	1992	258	6978.16	42.3	0.207（含扩建部分）
中心楼（南楼）		1987	290	8311.11	48.9	
配电、淋浴、附属用房		1987		834	13	0.39
改扩建部分		20世纪90年代中期		687.83		

按地上、地下分区 表3-3

建筑分区	地下两层	地上13层	标准层
面积（m²）	1965.78	14011.32	1014（单层）

按房间功能分区 表3-4

建筑分区	办公室	工艺机房	宿舍	其他
面积（m²）	6036	855.08	154.21	6966.03

注：其他包括走廊、卫生间、核心筒、餐厅、厨房、车库等。

主要用电设备分项表 表3-5

使用房间	设备安装容量	使用时间	备注
信通处、机房	184.77 kW	长期使用	
UPS电源	320kVA	长期使用	
中心及附属	78kW	长期使用	
洗衣房	88.17kW	详见附表	
厨房	69.855kW	备餐时段	
电开水器	144kW	长期使用	
分体空调	436.05kW	工作时间	
恒温恒湿机组	300.9kW	长期使用	
空调多联机	74.3kW	长期使用	
办公设备	251kW	工作时间	
通风机	22.5kW		见分项说明

（2）建筑物特点的初步分析

1）本建筑是集数据中心、办公、会议、值班人员宿舍等为一体的综合建筑。通信中心数据机房等区域为直接膨胀式空调机组，其他部分为分体空调，全楼设散热器采暖系统。冬季采暖及生活热水的热源为市政热力经区域热力站换热后使用，厨房使用天然气。

2）建筑物体形系数较小、各朝向窗墙比指标均较好，满足目前《公共建筑节能设计标准》（GB 50189—2005）及《公共建筑节能设计标准》（DBJ 01-621—2005）中规定的要求。经过2002年装修后建筑物围护结构的热工性能虽然已有明显提高，但是仍未能完全满足《标准》的各项要求，除了屋面保温性能相对较差以外，其余各项指标与《标准》差距较小。

3）楼内通信中心及数据机房，常年连续使用，用电设备较多，办公楼内常年有稳定人数的加班人员。

4）楼内分体空调数量庞大；采暖管路、设备维修量大；办公区房间照度非常不均匀，大部分低于国家标准值。业务楼两部客梯为交流调速电梯，启动电流大，对电网有一定冲击。

2. 用能状况分析

（1）电力消耗

1）总电耗

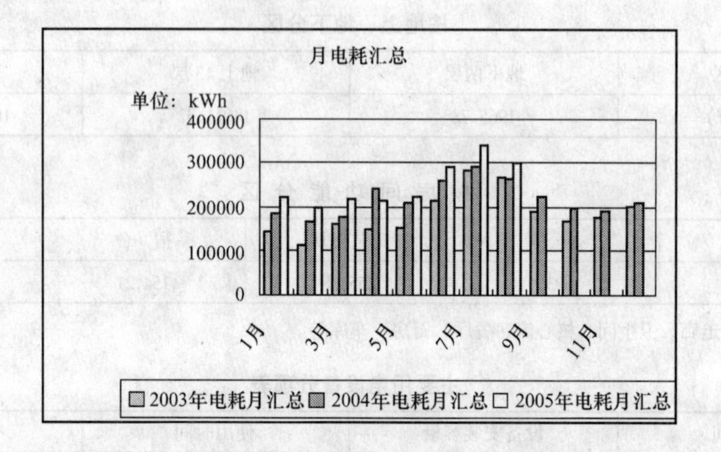

图 3-3　2003 年以来月耗电量汇总（统计到 2005 年 8 月份）

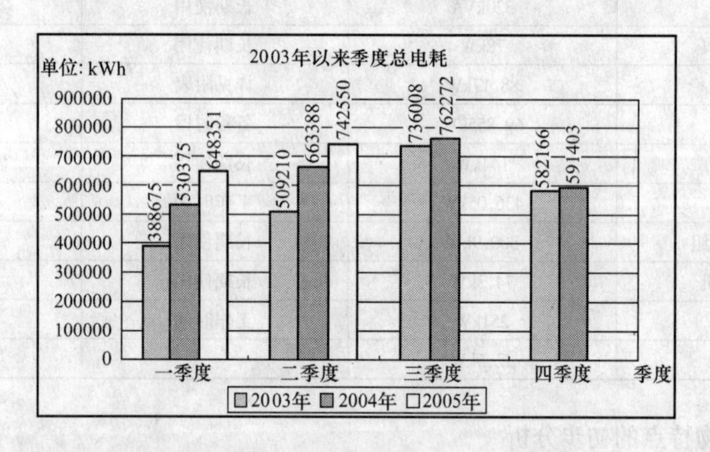

图 3-4　2003 年以来季度总电耗（统计到 2005 年 8 月份）

2003 年以来年度总电耗（统计到 2005 年 8 月份）　　**表 3-6**

年　　份	2003	2004	2005（至 8 月份）
年度总电耗（kW·h）	2216059	2547438	1964479

2）分项电耗

① 2004 年 8 月至 2005 年 7 月一年总电耗

$$=265232+221776+197104+188936+210099+221936+198000+220431+215688+224394+289100+342530=2795226\text{度}$$

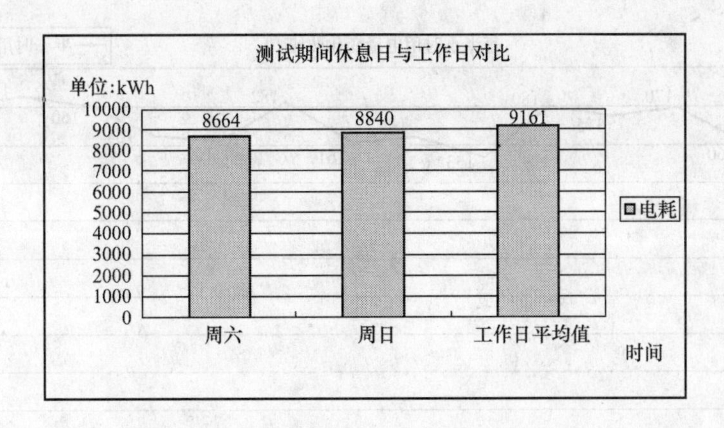

图 3-5　测试期间休息日与工作日的用电量对比

（2005 年 9 月 10、11 日的用量数据）

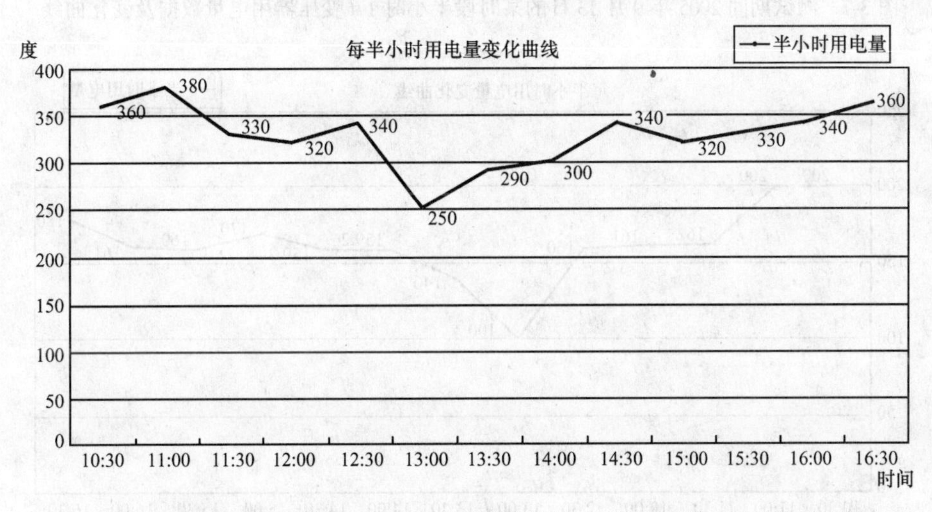

图 3-6　测试期间 2005 年 9 月 13 日的某时段半小时用电量数据及变化曲线

② 照明年电耗分项 = 周照明电耗 × 年周数 = 光源总数 ×（5 × 12 × 同时系数 + 2 × 12 × 同时系数）× 年周数

$=(40\times2890+33\times142+9\times780+15\times30+35\times10)$

$\div1000\times(5\times12\times0.6+2\times12\times0.4)\times365\div7=130\times45.6\times52=308256$ 度

③ 洗衣机房年电耗项 = Σ(洗衣机房设备用电 × 每天工作时间) × 同时使用系数 × 365

$=[370\times6+(320+4250)\times5+400\times4+(4600+850)\times3+(72000+2000+1500)\times7]$

$\div\ 1000\times0.4\times365=83442$ 度

④ 水泵房年电耗分项 = 生活水泵用电 × 使用系数 × 10 × 365

$=7.5\times0.2\times10\times365=5475$ 度

⑤ 电梯年电耗分项 = Σ 电梯用电 × 使用系数 × 10 × 365

$=4\times15\times0.2\times10\times365=43800$ 度

⑥ 指挥中心年电耗分项(不含空调) = 非空调用电 × 24 × 365

$=102\times380\times1.732\times0.7\div1000\times24\times365=411656$ 度

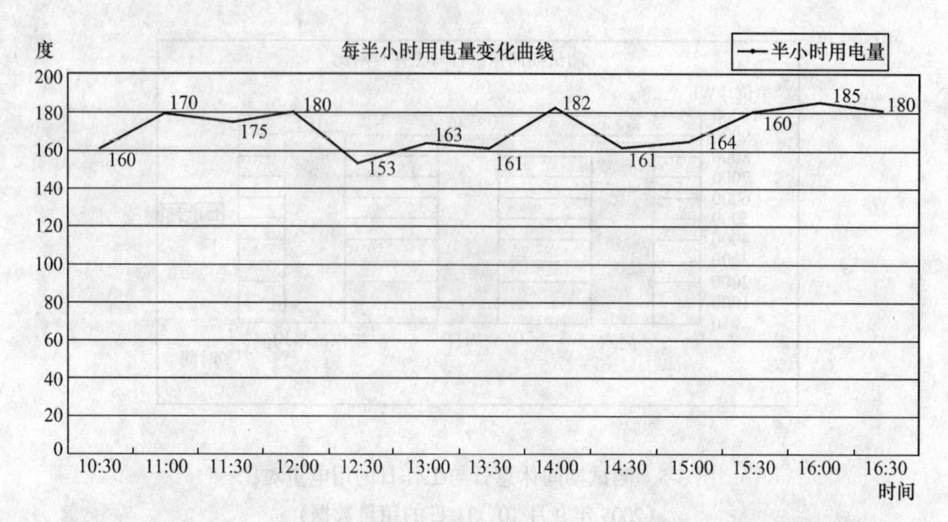

图 3-7　测试期间 2005 年 9 月 13 日的某时段半小时 1＃变压器用电量数据及变化曲线

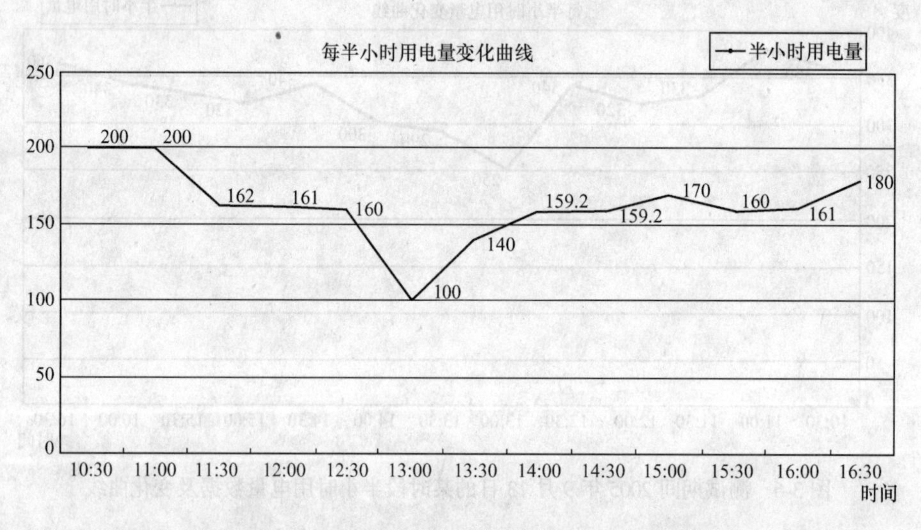

图 3-8　测试期间 2005 年 9 月 13 日的某时段半小时 2＃变压器用电量数据及变化曲线

⑦ 信通处 2 年电耗分项(不含空调) = 非空调季用电 $\times 24 \times 365$

$= 78 \times 380 \times 1.732 \times 0.7 \div 1000 \times 24 \times 365 = 314796$ 度

⑧ 无线局年电耗分项(不含空调) = 非空调季用电 $\times 24 \times 365$

$= 20 \times 380 \times 1.732 \times 0.7 \div 1000 \times 24 \times 365 = 80716$ 度

⑨ 电空调制冷年电耗分项 = 2004 年 8 月至 2005 年 7 月年总电耗 − 无空调月耗电 $\times 12$

= 年总电耗 − (2004 年 11 月电耗) $\times 12$

$= (265232 + 221776 + 197104 + 188936 + 210099 + 221936 + 198000 + 220431 + 215688 + 224394 + 289100 + 342530) - 188936 \times 12$

$= 2795226 - 2267232 = 527994$ 度

⑩ 办公电器及剩余其他设备电耗分项

= 年总电耗 − (空调电耗 + 照明电耗 + 洗衣机房电耗 + 热力站电耗 + 水泵房电耗 + 电梯电耗 + 指挥中心电耗 + 信通处 2 年电耗 + 无线局电耗)

$= 2795226 - (527994 + 308256 + 83442 + 5475 + 43800 + 411656 + 314796 + 80716)$

$= 2795226 - 1776135 = 101909$ 度

年均电耗分项指标　　表 3-7

系统名称	电耗（度）	占总电耗百分比（%）	单位建筑面积电耗（kW·h/m²·年）
总电耗	2795226	100%	166
照明用电	308256	11%	18
洗衣机房用电	83442	3%	
水泵房用电	5475	0.2%	0.3
电梯用电	43800	1.6%	
指挥中心	411656	15%	
信通处2年用电	314796	11%	
无线局用电	80716	3%	
空调用电	527994	19%	32
办公电器及其他剩余用电设备	1019091	36%	61

测试期间 2005 年 7 月 16、17 日（休息日）与工作日的用电、用水、用煤气量的统计（见表 3-8）。

测试期间 2005 年 7 月 16、17 日（休息日）与工作日的用电、用水、用煤气量的统计表　　**表 3-8**

时间＼项目	用水量	用气量	用电量	电梯运行次数
周日	65	80	8880	2976
周六	55	85	7520	2742
工作日平均	79.8	107.4	12427.6	5887.4

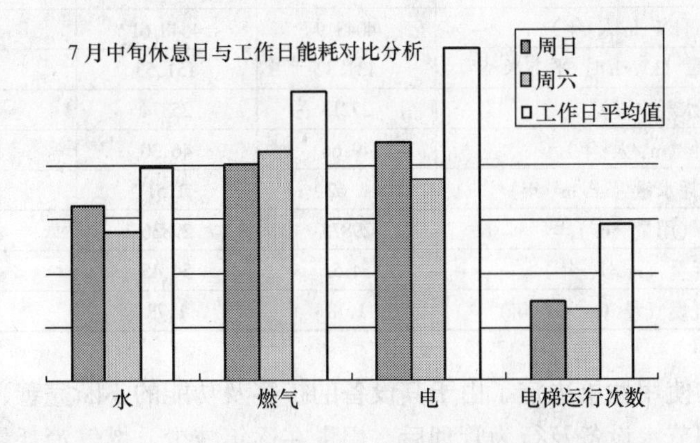

图 3-9　7 月中休息日与工作日的用电、用水、用煤气量数据统计（2005 年 7 月 16、17 日的用量数据）

测试期间 2005 年 9 月 10、11 日（休息日）与工作日的用电、用水、用煤气量对比的统计（见表 3-9）。

测试期间 2005 年 9 月 10、11 日（休息日）与工作日的用电、用水、用煤气量对比的统计表 **表 3-9**

	用水量	用气量	用电量	电梯运行次数
周六	61	75	8664	2808
周日	60	71	8840	2601
工作日平均值	86.67	106.44	9161	5928

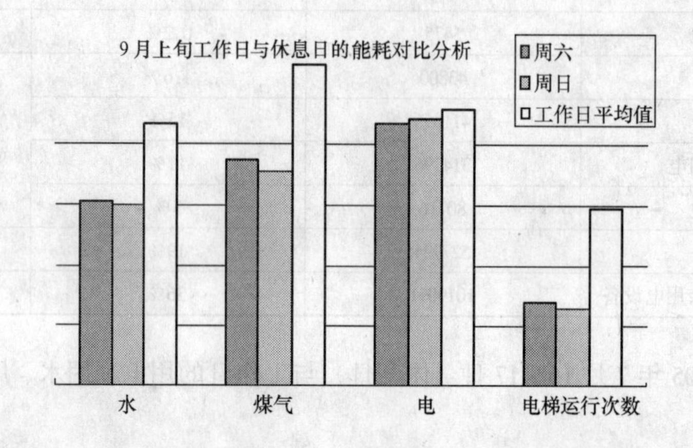

图 3-10　9 月中休息日与工作日的用电、用水、用气量数据统计（2005 年 9 月 10、11 日的用量数据）

（2）能源消耗量列表

2003 年以来年度能源消耗量（统计至 2005 年 8 月） **表 3-10**

项目 ＼ 时段	2003 年	2004 年	2005 年（至 8 月）
年度总电耗（kW·h）	2216059	2547438	1964479
人均年电耗（kW·h/人·年）	4043.9	4648.61	3584.82
单位建筑面积年耗电量（kW·h 时/平方米·年）	131.82	151.53	116.86
年度总水耗（m^3）	27213	25374	16848
人均年水耗（m^3/人·年）	49.66	46.30	30.74
单位建筑面积年耗水量（m^3/m^2·年）	1.62	1.51	1.00
年度总燃气用量（m^3）	29875	29836	22871
人均年燃气耗量（m^3/人·年）	54.52	54.45	41.74
单位建筑面积年耗燃气量（m^3/m^2·年）	1.78	1.78	1.36

结论：建筑物使用性质决定了由于其设备的扩容及功能的不断完善，耗电量在逐年增长。耗水量在使用节水设备及行为管理后，用量在逐年减少。燃气消耗量只取决于厨房就餐人次数的多少，近年来用量相对稳定。

3. 节能诊断主要内容分析

（1）照明系统

1）现状

本建筑主要为办公室用房及控制中心、信息机房等，大部分照明灯具在2002年精装修阶段进行过更新改造，光源绝大部分为PHILIPS的TLD36W/54 T8荧光灯配TCL YZ36系列电子镇流器。

办公区及附属用房灯具为控照型烤漆金属反射罩，灯具效率较低，照度普遍偏低，约200lx以下。

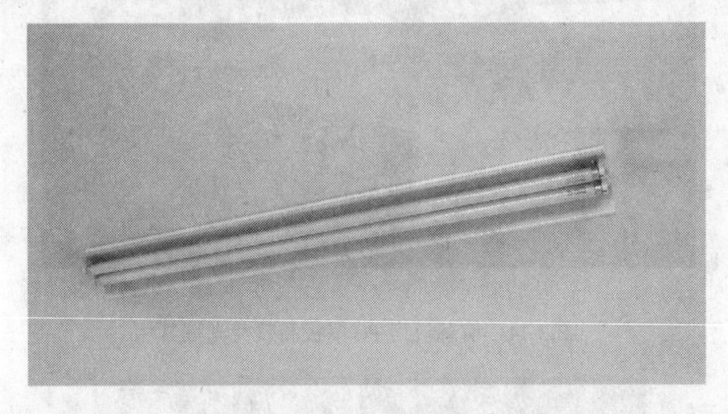

图3-11 办公区及附属用房灯具为控照型烤漆金属反射罩灯具

图3-12 灯具光源为PHILIPS的TLD36W/54 T8荧光灯

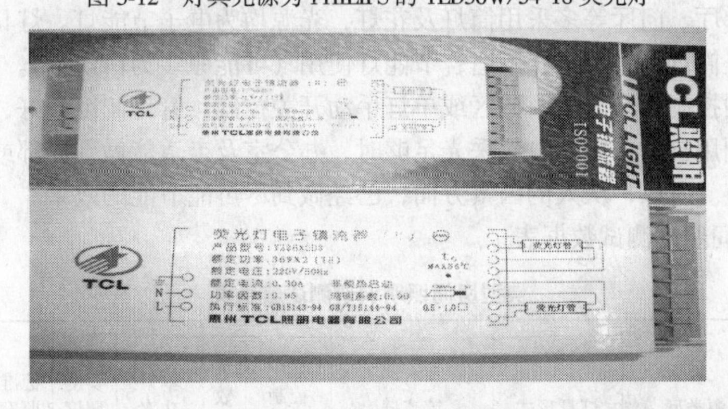

图3-13 荧光灯配TCL YZ36系列H级电子镇流器

高大空间的灯具采用PC罩板高效荧光灯具，平均照度为84lx，与现场（很多大屏幕）比较协调。信息机房等部位灯具为PC罩板高效荧光灯具，效果较好，一般照度均能

图 3-14　信息机房 PC 罩板高效荧光灯具

图 3-15　走道及电梯厅、门厅筒灯

达到 400lx 以上。

走道及电梯厅、门厅等多采用筒灯及花灯，光源均为电子节能灯。灯具效率较低，照度很低。特别是筒灯，直径小，不适合节能灯使用（可能原装为白炽灯）。

本工程照明控制为（内外）分区或单灯手动开关控制，管理制度较好，基本能做到人走灯灭，尽量利用自然采光。自然采光足够时，办公室及走道能做到局部或全部关灯，物业人员兼职巡查。所以，从人的因素方面，已经做到尽可能节能的效果。

2）典型房间照度测试数据表

典型房间照明调研测试信息表　　表 3-11

典型房间名称	光源类型	灯具形式	镇流器	控制方式	数量	单只功率（W）	实测照度（lx）	标准照度（lx）	实测照明功率密度（W/m^2）	标准照明功率密度（W/m^2）
六层某办公室	T8-TLD36W/54	双管控照型荧光灯	YZ36X2H 级电子镇流器	一控一	2	36＋4	202	300	9.4	11/9

续表

典型房间名称	光源类型	灯具形式	镇流器	控制方式	数量	单只功率（W）	实测照度（lx）	标准照度（lx）	实测照明功率密度（W/m²）	标准照明功率密度（W/m²）
八层某办公室	T8-TLD36W/54	双管控照型荧光灯	YZ36X2H级电子镇流器	一控一	1	36+4	185	300	6.5	11/9
九层某办公室	T8-TLD36W/54	双管控照型荧光灯	YZ36X2H级电子镇流器	一控一	2	36+4	197	300	8.40	11/9
九层某办公室	T8-TLD36W/54	双管控照型荧光灯	YZ36X2H级电子镇流器	一控二	6	36+4	298	300	13.7	11/9
九层走道	11W电子节能灯	筒灯	电子镇流器	二控八	8	11+2	10	50	1.9	5/4

3）存在的问题

①由表3-11可知，办公室由于未采用高效节能光源，灯具效率较低，原照度普遍较低。现对PHILIPS的荧光灯进行比较，见表3-12。

性能对比表 **表3-12**

型号		功率（W）	色温（K）	光通量（lm）	显色指数（Ra）	平均寿命（h）	光效（lm/W）	售价（元）
原使用	TLD36W/54	36	6200	2500	72	13000	70	5
建议更换	TLD36W/840	36	4000	3350	85	15000	93	9

相比可知，如果TLD36W/54更换为TLD36W/840，则光通量提高34%，原照度将提高34%，将接近标准值。对于照度不够，照度有差距者，建议增加光源。所以对该部分光源建议更换或逐步更换成三基色高效中色温光源。

②对走道，由于灯内光源不足，灯具布置不足，灯具效率低，距标准值差距较大，所以对该部分应重新选灯具和光源。

③由于荧光灯采用的是H级电子镇流器，谐波值THD<30%，产生了很大谐波（在变电所的谐波测试中体现非常明显），对于电网造成极大危害。所以建议更换为L级电子镇流器。

④由于现办公区灯具效率低，外观陈旧，与装修不协调，建议逐步更换灯具。

⑤是否增设智能照明控制系统建议从长计议。

（2）变配电系统

1）供配电系统概况

在院内设有一座独立变电所，为1992年在原变电所的基础上改建而成。由市政引入两路（相对独立）10kV高压电源，高压配电采用环网柜，双路未设中间联络。计量方式为高供高计，设有智能综合仪表。

变电所设有两台SCB8-630kVA干式变压器，分列运行。变压器空载损耗1500W，有载损耗为6120W。

变电所设有17面低压配电屏，为单母线分段，中间设有联络开关。

变电所设备布置房间非常紧张，有些已经超越规范电气间距要求，所以在空间上改造余地非常小。

2）供配电系统测试及诊断

本工程供电系统示意图如图3-16。

1#变压器出线 630kVA	出线
	电容补偿柜
	南楼F~7层照明
	南楼8~16层照明
	信通处运行1
	热水器8~13层
	领导办公室
	信通处运行2
	热水器2~7层
	电话总机
	电台
	无线局
	备用
	信息中心空调1
	三号楼配电
	演播照明
	东大门彩灯
	东大门照明
	配电室照明备用
	正通基站电源
	备用
	北楼电梯备用
	南楼电梯备用
	消防水泵备用
	北楼事故照明
	备用
	备用
	南楼事故照明备用
	备用
	备用
	配电室照明

2#变压器出线 630kVA	出线
	电容补偿柜
	复印机
	信通处二层配电室
	信息中心备用
	信通处备用2
	北楼7~11层照明
	北楼F~6层照明
	二号楼配电
	中心
	备用
	信通处备用1
	南楼13层配电
	北楼电梯
	南楼电梯
	小室电源
	备用
	南楼8~9层配电
	消防泵
	生活水泵
	备用
	备用
	南楼13层配电
	南楼10~11层配电
	北楼配电
	洗衣房设备
	备用
	备用

图3-16　工程供电系统示意图

由于本工程为改造工程，空调以分体空调为主，有部分VRV空调。机房通信用电与空调用电、照明用电混杂在一起。有些重要负荷如中心、信息中心等处无法保证双路供电。一些重要负荷的供电可靠性无法得到保障，所以建议对本工程内的重要负荷提供双路供电。

本变电所2005年夏季运行时，低压侧总电流最高达1500A，即变压器负荷率达到87%，但冬季变压器负荷率最低为20%，整体运行正常。由于很多重要负荷须保证双路供电，所以任何时候都无法采用单台变压器运行的节能方法。

3）供配电谐波系统测试及诊断

由于本工程负荷包括荧光灯电子镇流器、电脑及其他许多电子设备，造成许多供电线路谐波非常严重。以下是变电所典型部位的谐波测试情况及危害分析：

测试时间：2005年9月15日

测试设备：美国FLUKE公司的FLUKE-41B谐波测量仪，用于测量电压、电流的谐波情况及功率因数。

设备技术参数：

电压精确度：0.5% +2

电流精确度：0.5% +3

频率精确度：±0.3Hz

测试数据

①说明

本次选取的测量点为：两台变压器的二次侧母线；信通处2出线；南照明F-7出线；北照明F-7出线。

②测量记录（见图3-17～图3-22，见表3-13～表3-18）

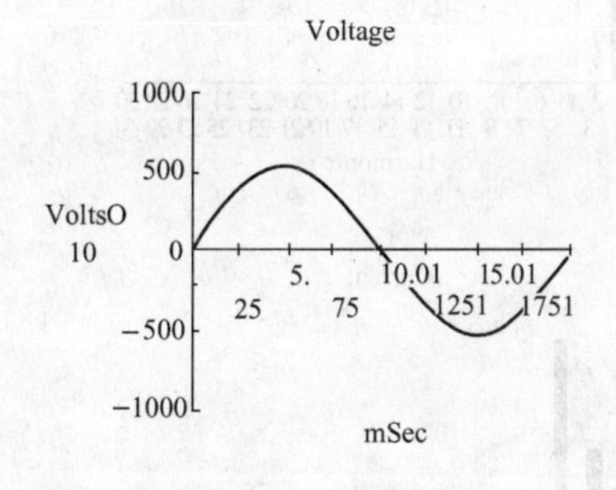

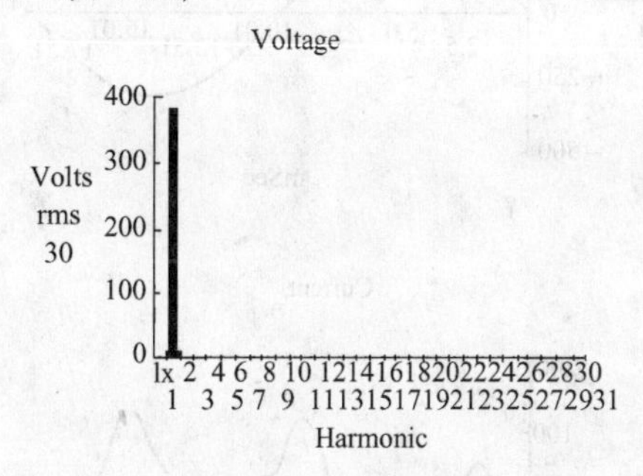

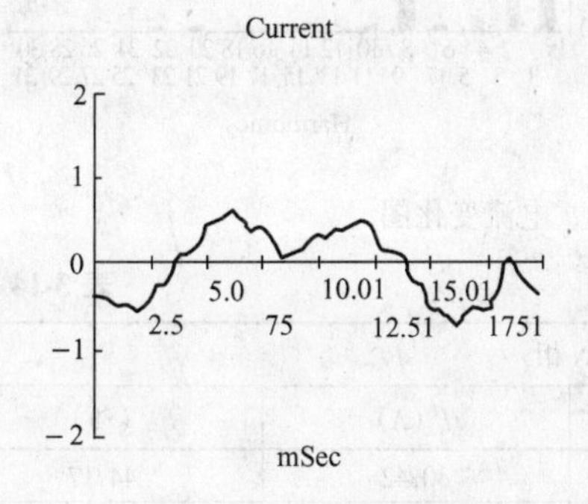

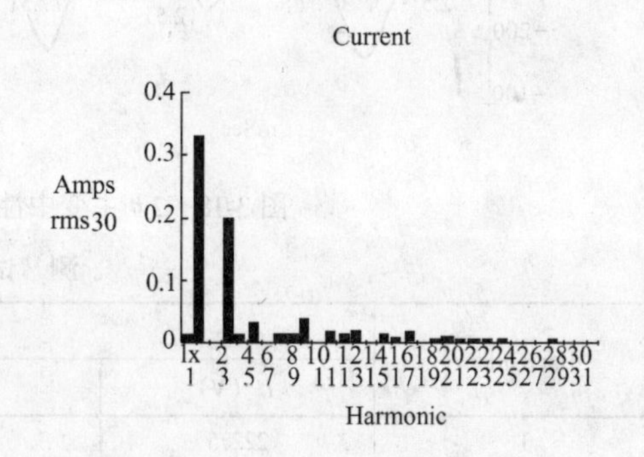

图3-17　2#主变瞬时电压、电流变化图

测 试 数 据　　**表3-13**

Har. Order	A相			
	U（V）	（%）	I（A）	（%）
1	383.47	100	99	84.41
2	0.25	0.07	0.00	0.79
3	0.50	0.13	60	50.71
4	0.28	0.07	6	4.29
5	1.75	0.46	9	7.95
6	0.03	0.01	0.00	0.64

续表

Har. Order	A相			
	U（V）	（%）	I（A）	（%）
7	1.22	0.32	3	3.50
8	0.16	0.04	3	3.50
9	0.22	0.06	12	9.86
10	0.06	0.02	0.00	0.79
11	0.81	0.21	6	5.25
THD（%）	0.83		63.85	
P.F	0.97			

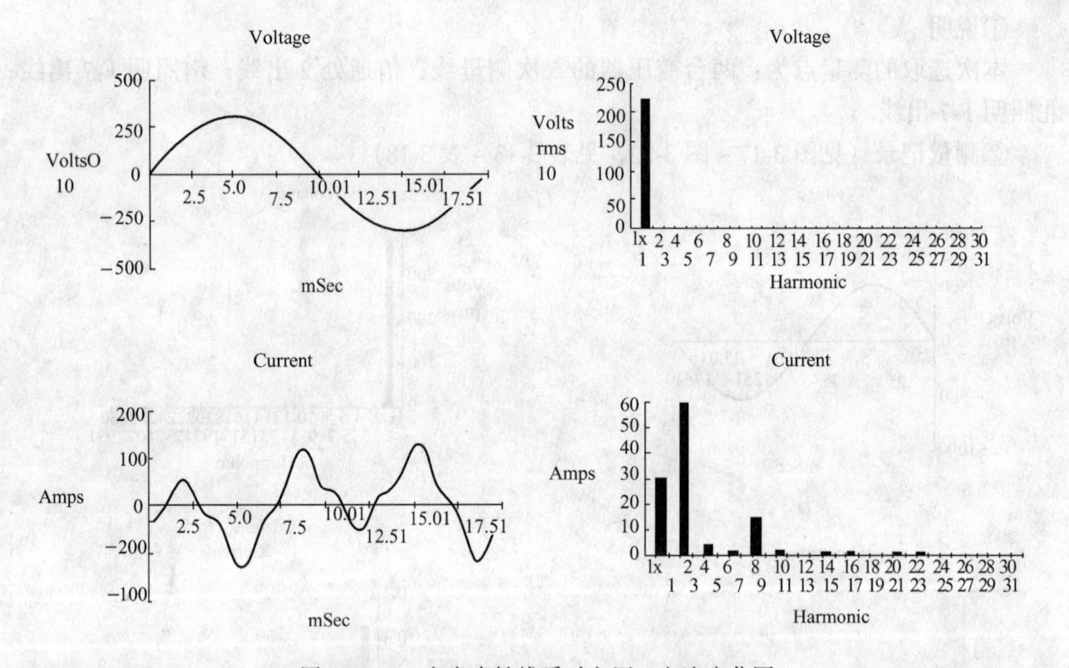

图 3-18　2#主变中性线瞬时电压、电流变化图

测 试 数 据　　**表 3-14**

Har. Order	N相			
	U（V）	（%）	I（A）	（%）
1	222.5	99.98	30.42	44.17
2	0.0	0.0	0.28	0.41
3	1.66	0.15	59.74	86.75
4	0.13	0.06	0.29	0.42
5	1.64	0.74	4.29	6.23
6	0.02	0.01	0.21	0.30
7	0.91	0.41	0.21	0.30
8	0.03	0.01	1.66	2.41
9	1.22	0.55	0.14	0.20
10	0.06	0.03	0.04	0.06
11	0.80	0.36	1.46	2.12
THD（%）	1.40		202.99	

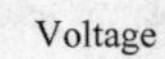

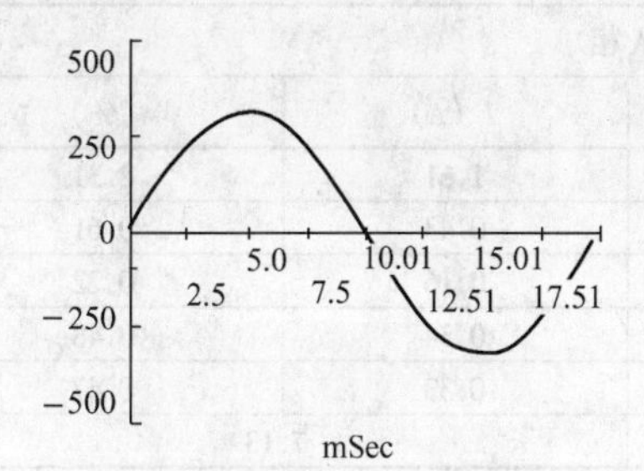

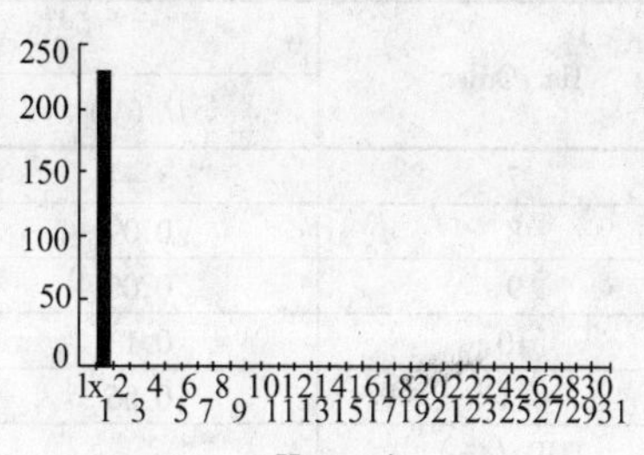

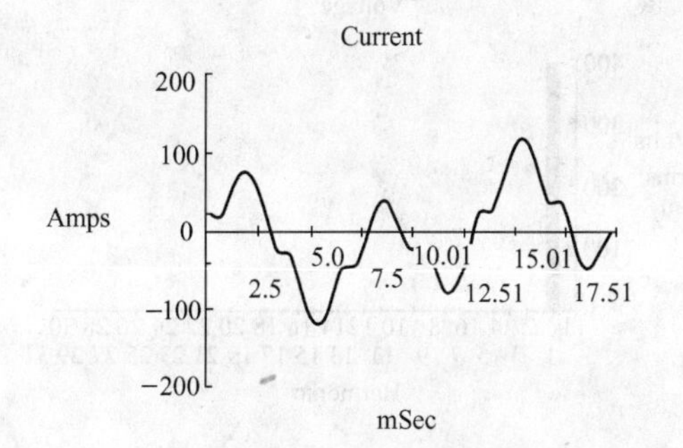

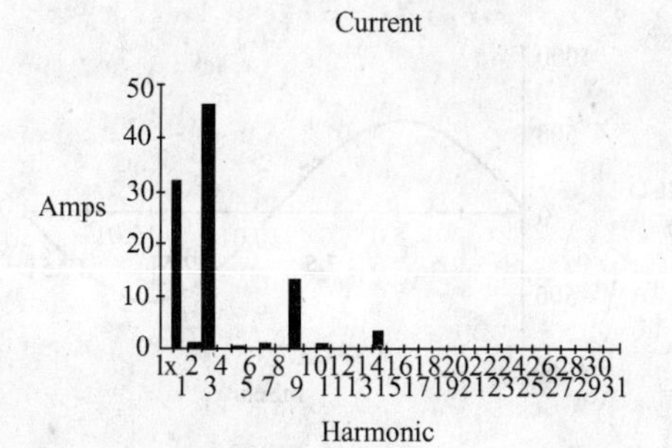

图 3-19　1＃主变中性线瞬时电压、电流变化图

测　试　数　据　　　　**表 3-15**

Har. Order	N相			
	U（v）	（%）	*I*（A）	（%）
1	229	100.1	31.79	54.5
2	0.19	0.04	1.46	2.51
3	1.38	0.41	46.74	80.14
4	0.14	0.04	0.11	0.18
5	1.06	0.21	0.88	1.51
6	0.06	0.02	0.14	0.24
7	1.52	0.42	1.18	2.01
8	0.09	0.01	0.37	0.63
9	0.94	0.21	13.26	22.74
10	0.09	0.04	0.11	0.19
11	0.48	0.21	1.32	2.26
THD（%）	1.27		153.41	

测　试　数　据　　　　**表 3-16**

Har. Order	A相			
	U（V）	（%）	*I*（A）	（%）
1	394.69	99.99	69.75	99.73
2	0.16	0.04	3.86	5.52
3	0.44	0.11	0.79	1.13
4	0.06	0.02	1.68	2.39
5	1.44	0.36	1.67	2.39
6	0.13	0.03	0.11	0.16

续表

Har. Order	A相			
	U（V）	（%）	*I*（A）	（%）
7	3.44	0.87	1.61	2.31
8	0.09	0.02	0.43	0.61
9	0.06	0.02	0.16	0.22
10	0.13	0.03	0.34	0.48
11	0.56	0.14	0.33	0.47
THD（%）	1.15		7.13	

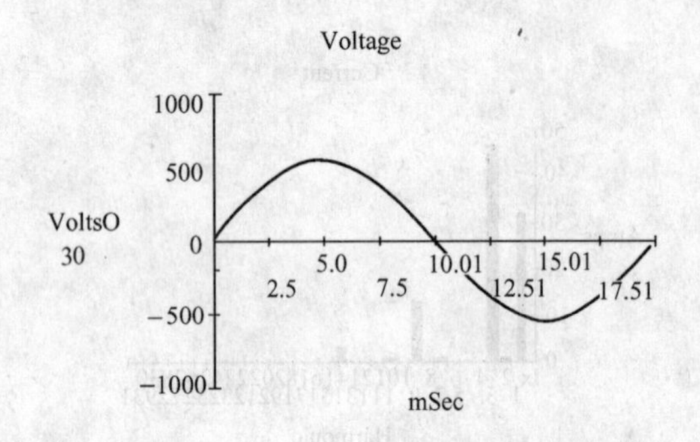

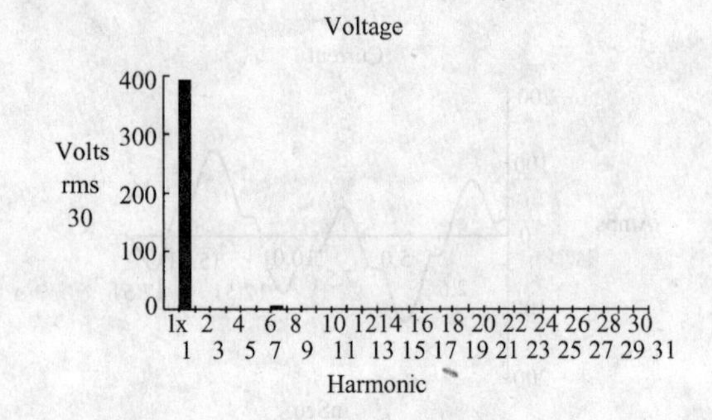

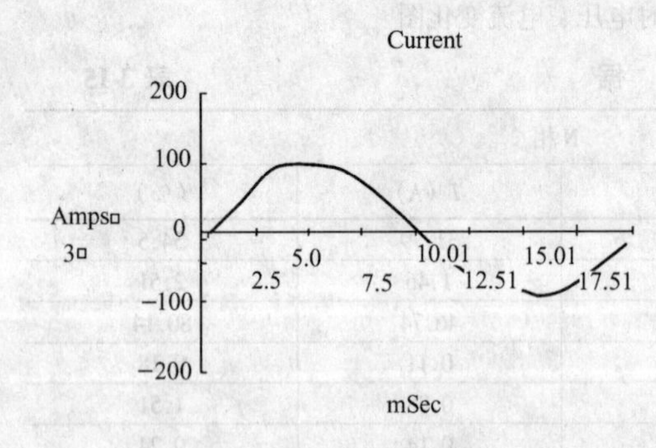

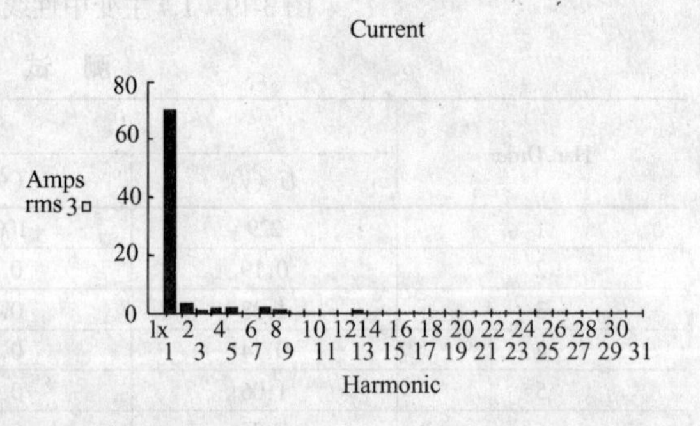

图 3-20　信通处 2 瞬时电压、电流变化图

测 试 数 据　　**表 3-17**

Har. Order	A相			
	U（V）	（%）	*I*（A）	（%）
1	221.2	99.99	8.96	54.27
2	0.05	0.02	0.40	2.42
3	1.28	0.58	13.54	82.00
4	0.09	0.04	0.06	0.38
5	0.58	0.26	0.46	2.76
6	0.02	0.01	0.09	0.57
7	0.78	0.35	0.26	1.59
8	0.02	0.01	0.03	0.19
9	1.05	0.47	2.84	17.22
10	0.09	0.04	0.04	0.23
11	0.38	0.17	0.52	3.14
THD（%）	1.00		154.84	

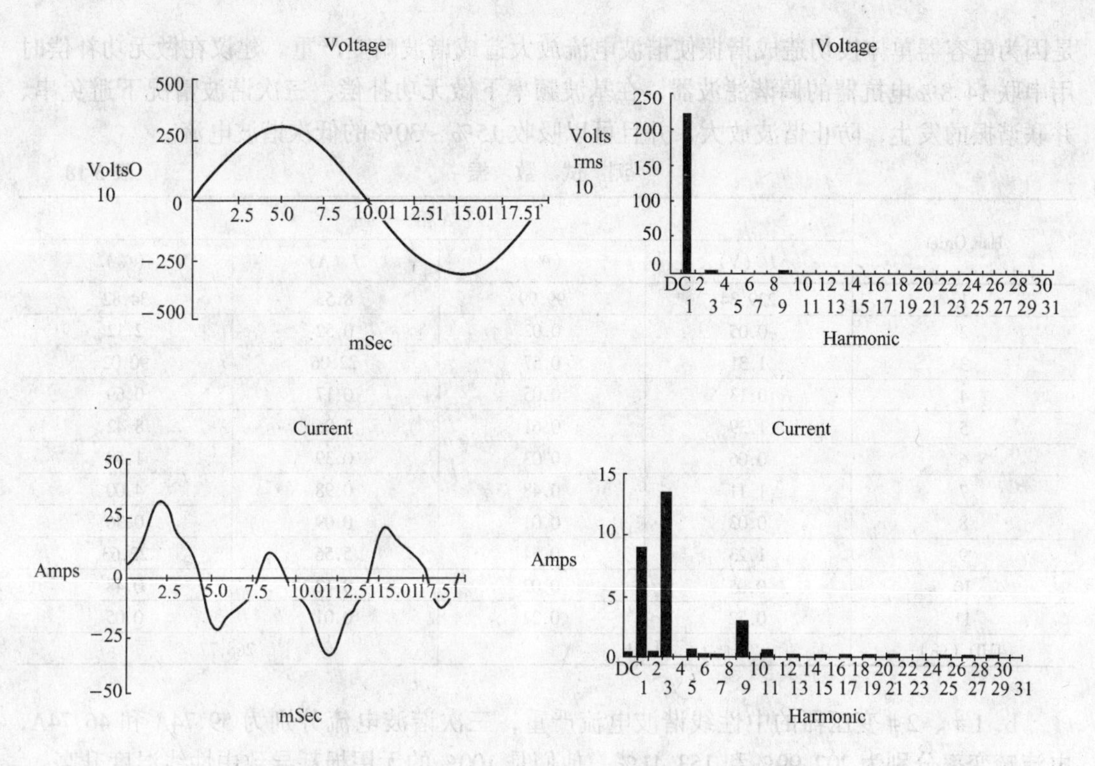

图 3-21 南照明 F-7 层中性线电流电压瞬时变化情况

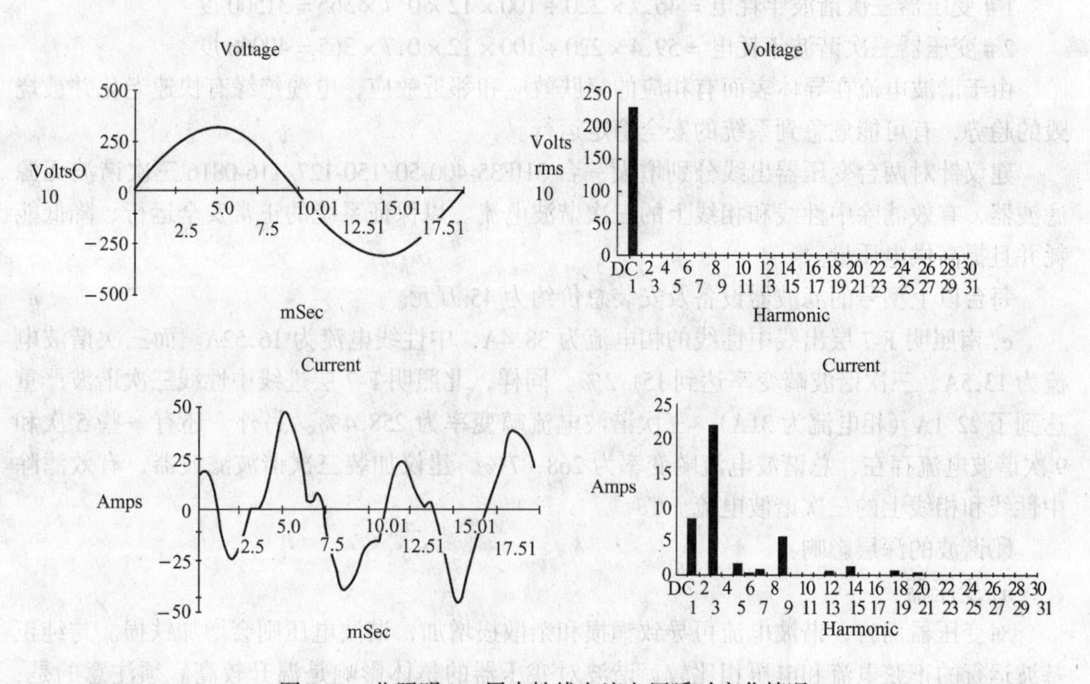

图 3-22 北照明 F-7 层中性线电流电压瞬时变化情况

③测量分析：

a. 2＃变压器负载复杂，总进线的谐波电流主要是 3 次、5 次、9 次谐波电流，其含量分别为基波电流的 84.41%、7.95%、9.84%。因为测试时电容器为投切状态，所以可能是因为电容器单体投切造成谐振使谐波电流放大造成谐波畸变严重。建议在做无功补偿时用串联14.8%电抗器的调谐滤波器，在基波频率下做无功补偿，三次谐波情况下避免串、并联谐振的发生，防止谐波放大，并且可以吸收15%～30%的低次谐波电流。

测 试 数 据　　表3-18

Har.Order	A相			
	U（V）	（%）	I（A）	（%）
1	229.34	99.99	8.53	34.82
2	0.05	0.02	0.52	2.12
3	1.31	0.57	22.06	90.02
4	0.13	0.05	0.17	0.69
5	1.39	0.61	2.06	8.42
6	0.06	0.03	0.39	1.58
7	1.11	0.48	0.98	4.00
8	0.03	0.01	0.09	0.36
9	1.23	0.54	5.56	22.63
10	0.05	0.02	0.12	0.48
11	0.52	0.22	0.01	0.05
THD（%）	1.21		268.77	

b．1#、2#变压器的中性线谐波电流严重，三次谐波电流分别为59.74A和46.74A，电流畸变率分别为202.99%和153.41%，他们是100%的无用损耗导致中性线温度升高。

1#变压器三次谐波年耗电＝46.7×220÷100×12×0.7×365＝31500度

2#变压器三次谐波年耗电＝59.4×220÷100×12×0.7×365＝40066度

由于谐波电流在导体表面有相应的集肤效应和邻近效应，电缆绝缘有快速老化并被烧毁的趋势，有可能危急到系统的安全稳定运行。

建议针对两台变压器出线分别增设一台3HF35-400-50/150-127/116-0816三次谐波无源滤波器，有效滤除中性线和相线上的三次谐波电流。以保证系统的正常安全运行、降低能耗并且提高供电质量。

每台以上型号的滤波器设备及安装总价约为45万元。

c．南照明F-7层出线中性线的相电流为38.4A，中性线电流为16.52A。而三次谐波电流为13.5A，三次谐波畸变率达到151.2%。同样，北照明F-7层进线中性线三次谐波严重达到了22.1A（相电流为31A），三次谐波电流畸变率为258.4%。另外，还有一些5次和9次谐波电流存在，总谐波电流畸变率为268.87%。建议加装三次谐波滤波器，有效滤除中性线和相线上的三次谐波电流。

④谐波的深层影响：

a．变压器

对变压器而言，谐波电流可导致铜损和杂散损增加，谐波电压则会增加铁损。与纯正基波运行的正弦电流和电压相比较，谐波对变压器的整体影响是温升较高。须注意的是；这些由谐波所引起的额外损失将与电流和频率的平方成比例上升，进而导致变压器的基波负载容量下降。当为非线性负载选择正确的变压器额定容量时，应考虑足够的降载因素，以确保变压器温升在允许的范围内。还应注意的是由于谐波所造成的额外损失将按所消耗的能量（千瓦时）反应在电费上，而且谐波也会导致变压器噪声增加。

b. 电力电缆

在导体中非正弦波电流产生的热量与具有相同均方根值的纯正弦波电流相较，则非正弦波有较高的热量。该额外温升是由众所周知的集肤效应和邻近效应所引起的，而这两种现象取决于频率及导体的尺寸和间隔。这两种效应如同增加导体交流电阻，进而导致I2RAC损耗增加。

c. 电动机

谐波电流和电压对感应及同步电动机所造成的主要危害为在谐波频率下铁损和铜损的增加所引起之额外温升。这些额外损失将导致电动机效率降低，并影响转矩。

对于旋转电机设备，与正弦磁化相比，谐波会增加噪音量。像五次和七次这种谐波源，在电动机负载系统上，可产生六次谐波频率的机械振荡。机械振荡是由振动的扭矩引起的，而扭矩的振荡则是由谐波电流和基波频率磁场所造成，如果机械谐振频率与电气励磁频率重合，会发生共振进而产生很高的机械应力，导致机械损坏的危险。

d. 电子设备

电子设备对供电电压的谐波畸变很敏感，这种设备常常须靠电压波形的过零点或其他电压波形取得同步运行。电压谐波畸变可导致电压过零点漂移或改变一个相间电压高于另一个相间电压的位置点。这两点对于不同类型的电子电路控制是至关重要的。控制系统对这两点（电压过零点与电压位置点）的判断错误可导致控制系统失控。而电力与通讯线路之间的感性或容性耦合亦可能造成对通信设备的干扰。

计算器和一些其他电子设备，如可编程控制器（PLC），通常要求总谐波电压畸变率（THD）小于5%，且个别谐波电压畸变率低于3%，较高的畸变量可导致控制设备误动作，进而造成生产或运行中断，导致较大的经济损失。

e. 开关和继电保护

像其他设备一样，谐波电流也会引起开关之额外损失，并提高温升使承载基波电流能力降低。温升的提高对某些绝缘组件而言会降低其使用寿命。旧式低压断路器之固态跳脱装置，系根据电流峰值来动作，而此种型式的脱扣装置会因馈线供电给非线性负载而导致不正常跳闸。新型脱扣装置则根据电流的有效值而动作。

f. 功率因数补偿电容器

电容器与其他设备相比较有很大区别，因其容性特点在系统共振情况下可显着的改变系统阻抗。电容器组之容抗随频率升高而降低，因此，电容器组起到吸收高次谐波电流的作用，此作用提高温升并增加绝缘材料的介质应力。频繁地切换非线性电磁组件如变压器会产生谐波电流，这些谐波电流将增加电容器的负担。应当注意的是熔丝通常不是用来当作电容器之过载保护。由谐波引起的发热和电压增加意味着电容器使用寿命的缩短。

在电力系统中使用电容器组时，必需考虑的因素是系统产生谐振的可能性。系统谐振将导致谐波电压和电流会明显地高于在无谐振情况下出现的谐波电压和电流。

4）用电计量设备现状

仅变配电室两路高压进线处设有智能综合仪表，低压侧设有功率因数、单相、三相电流表等仪表。

(3) 其他用能设备和系统

1）办公电器安装容量（见表3-19）

办公电器安装容量 表 3-19

	电脑	一体机	打印机	复印机	扫描仪	碎纸机	传真机	电视机
单机功率（W）	400	500	40	1200	60	150	400	150
数量（台）	402	5	305	16	29	18	76	143

2）饮用水供应设备

每层设置一台额定功率 12kW 电开水器，共 12 台，全天运行。

3）电梯

南楼设有两台变频调速电梯。运行速度为 1.6m/s，额定载重 1000kg，电梯电机额定功率为 15kW。现场实测单台电梯运行电流为 18.5A。运行工况为频繁启动，运行平稳。电梯运行次数统计见图 3-23。

北楼设有两台 1991 年中国迅达电梯有限公司生产的交流调速电梯。运行速度为 1.6m/s，额定载重 1000kg，电梯电机额定功率为 15kW。现场实测单台电梯运行电流为 19.8A。运行工况为频繁启动，启动电流达 96A，耗能严重，属不节能的用电设备。

建议将北楼两部电梯进行更换为变频调速电梯，既能达到节能的目的，也可对陈旧设备进行更换。

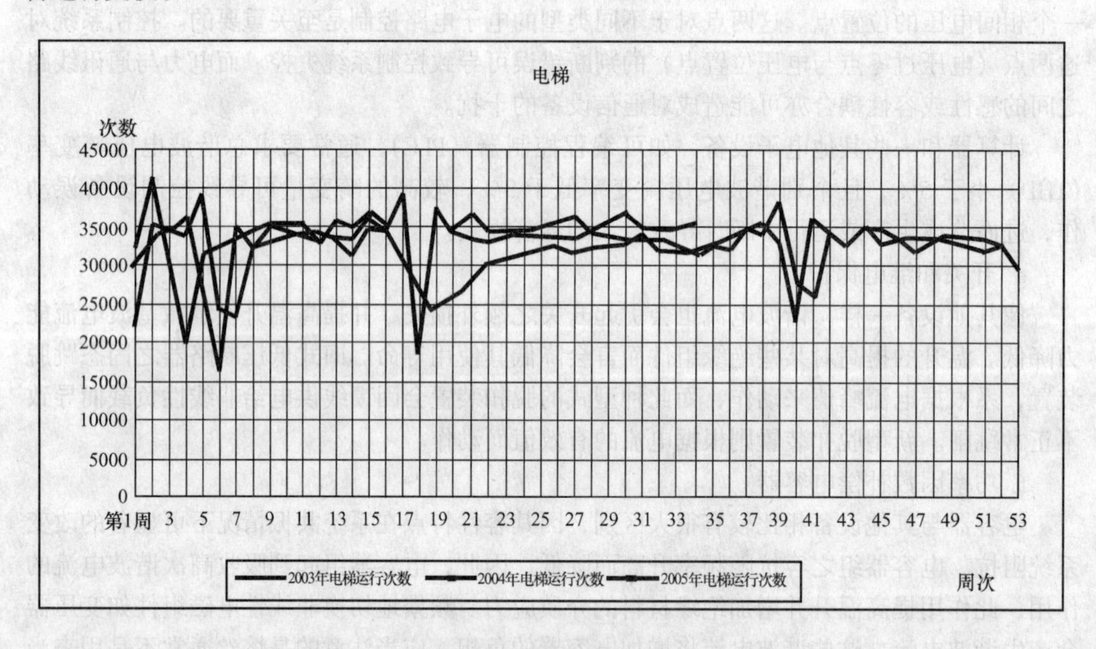

图 3-23 电梯运行次数统计

餐厨用电设备列表 表 3-20

设备名称	单机功率（W）	数 量	运行情况
海尔热水器	1500	1	每天早中晚夜宵时段
大芙蓉消毒柜	15000	2	
小飞月消毒柜	350	3	
远华空气幕	12300	1	
海尔电冰箱	175	3	
保温柜	1000	3	
电饼铛	3000	3	

续表

<table>
<tr><th>设备名称</th><th>单机功率（W）</th><th>数　量</th><th>运行情况</th></tr>
<tr><td>切面机</td><td>1500</td><td>1</td><td rowspan="9">每天早中晚夜宵时段</td></tr>
<tr><td>搅拌机</td><td>750</td><td>1</td></tr>
<tr><td>康保消毒柜</td><td>1500</td><td>1</td></tr>
<tr><td>搅面机</td><td>1500</td><td>1</td></tr>
<tr><td>冰柜</td><td>700</td><td>2</td></tr>
<tr><td>切片机</td><td>980</td><td>1</td></tr>
<tr><td>切肉机</td><td>750</td><td>1</td></tr>
<tr><td>烤箱</td><td>1500</td><td>2</td></tr>
<tr><td>绞肉机</td><td>1100</td><td>1</td></tr>
</table>

(4) 建筑用能管理状况

建筑物的能源管理模式、制度和能源使用习惯；

1）关闭公共区域的照明灯具，办公区尽可能利用自然光照明。

2）各项能耗的记录由专人负责及时核对，使用情况及时上报。

3）节能标语、管理制度张贴到位。工作时间有人员不定时巡检。

4）定时供应卫生热水、食堂三餐及备勤时段的送餐制度，以及洗衣房，属于单位工作性质的福利性供应。

4. 节能诊断结论和改造建议

(1) 节能诊断结论

1）本结论以现行北京市地方标准《公共建筑节能设计标准》(DBJ 01-621—2005)（下称《标准》）为参照进行对比。

2）本建筑物按《标准》应属乙类建筑。

3）能耗特点

耗电量：

第一，由于使用单位的功能性质要求，全年运行的电子设备及为满足其正常使用的恒温恒湿空调系统在整个电能消耗中占有较大比例，且随着城市的发展及交通管理工作日益繁重，上述用电设备的数量及总用量呈逐年增长的趋势。

第二，办公设备现代化将导致设备用量的增加，使得此部分电耗逐年增长。

第三，办公空调设备电耗随气候变化具有明显的季节性特点，热季电耗普遍增加。但上述电耗中存在着设备安装、选用不合理的因素。例如：受客观条件影响进排风安装位置不当、由于迁就装修要求，东向、北向分体空调室外机安装不合理，散热不利。

4）照明系统

①办公室由于未采用高效节能光源，灯具效率较低，原照度普遍较低，外观陈旧，与装修不协调。

②走道，由于灯内光源不足，灯具布置不足，灯具效率低，距标准值差距较大。

③由于荧光灯采用的是 H 级电子镇流器，谐波值 THD < 30%，产生了很大谐波，对于电网造成极大危害。

5）配电系统

①有些重要负荷如信息中心等处无法保证双路供电。一些重要负荷的供电可靠性无法

得到保障。

②由于本工程负荷包括荧光灯电子镇流器、电脑及其他许多电子设备，造成许多供电线路谐波非常严重。实测变压器的中性线谐波电流严重；照明出线中性线三次谐波严重。谐波需要治理。

③变配电室低压侧计量仪表不足，无法做到分项计量。

6）电梯：

北楼设有两台 1991 年中国迅达电梯有限公司生产的交流调速电梯。运行速度为 1.6m/s，额定载重 1000kg。运行工况为频繁启动，启动电流达较大，耗能严重，属不节能的用电设备。

7）自主管理：

经实地调研该单位在各项管理及节电方面有较好的措施。自 2003 年以来，逐日各项能耗及电梯运行次数均有专人负责核查计量表并记录数据，对于变配电机房的运行记录也较为完善。工作时间管理部门常有人员不定时巡视，对于照明灯具及办公空调的不合理使用状况进行检查纠正。

（2）节能改造方案

1）能源管理模式

方案一：在每个低压配电回路采用综合数字仪表，对每个回路的用能指标都能有一个清晰的记录。

方案二：在每个低压配电回路采用综合数字仪表，且设置智能管理系统，可以定时定点打印，管理方便。

2）行为节能方案

每层电开水器在下班后仍在运行，建议在常年有加班人员的楼层全天供应，其他楼层晚 6：00 后关闭电源停止使用。按照电热水器全天运行时，电加热冷水的时间每天以 5h 计，其他时间由于不使用而产生的温降耗电量按 1h 加热耗电量计，全年按 270d 运行。12 ×12×6×270＝23.3 万 kW·h 。增强管理后：按照 6 台全天运行，其他台数下班后停止使用，满负荷加热 3h/d 运行。全年 270d 运行。6×12×6×270＋6×12×3×270＝11.66＋5.83＝17.49 万 kW·h，全年节省耗电量为 5.81 万 kW·h ，占原电耗的 24.9%。折合标准煤为 23.8 吨/年，减少各类污染物排放量分别为：CO_2：10472kg/年；SO_2：476kg/年；烟尘：357kg/年；灰渣：6188kg/年。

定期对分体空调室内机过滤网进行清洗；对室外机定期检查，根据需要进行充氟。按照调研情况，本工程其他方面已经采取了切实可行的管理措施。

3）技术改造方案

①计量改造方案

在变配电室低压配电柜内的低压出线回路增加电流互感器及数字综合（具有三相电流、有功功率、无功功率、电度等功能）仪表，动力、照明即分开计量。变压器出线回路增加数字综合（具有三相电流、有功功率、无功功率、电度、谐波等功能）仪表。

方案一：普通数字综合仪表；投资价格约为每块表 2500 元。对每个回路的用能指标清晰记录。设备及安装总价约为 15 万元。

方案二：带数据远传功能的数字综合仪表；增设变配电室智能监控系统，投资价格约为每块表3500元。可以存储、打印数据，管理方便。设备及安装总价约为21万元。

②照明系统改造方案

方案一：对荧光灯部分光源更换或逐步更换成三基色高效中色温光源。如果TLD36W/54更换为TLD36W/840，则光通量提高34%，原照度将提高34%，将接近标准值。每只光源增加4元。总价约为1.2万元。

方案二：对走道，由于灯内光源不足，灯具布置不足，灯具效率低，距标准值差距较大，所以对该部分应重新选灯具和光源。总价约为5万元。

方案三：H级镇流器更换为L级电子镇流器。减少谐波，减少其对电网造成危害及电能损耗。每只售价35元。总价约为10万元。

方案四：由于现办公区灯具效率低，外观陈旧，与装修不协调，建议逐步更换灯具，从长计议。

③配电系统改造方案

方案一：由于本工程负荷包括照明灯电子镇流器、电脑及其他许多电子设备，造成许多供电线路谐波非常严重。建议针对两台变压器出线分别增设一台3HF35-400-50/150-127/116-0816三次谐波无源滤波器，有效滤除中性线和相线上的三次谐波电流。以保证系统的正常安全运行、降低能耗并且提高供电质量。

每台以上型号的滤波器设备及安装总价约为45万元。共计90万元。

方案二：建议在做无功补偿时用串联14.8%电抗器的调谐滤波器，在基波频率下做无功补偿，三次谐波情况下避免串、并联谐振的发生，防止谐波放大，并且可以吸收15%～30%的低次谐波电流。

每台电容器柜改装总价约为15万元。共计30万元。

④电梯改造方案

北楼设有两台交流调速电梯，耗能严重，属不节能的用电设备。建议进行全面论证后，将这两部电梯进行更换为变频调速电梯，既能达到节能的目的，也可对陈旧设备进行更换。

每台电梯改装总价约为70万元。共计140万元。

4）运行管理方案

设备的运行管理有专门人员负责到位，大型维护保养由合约厂商定期派人进行；日常维护由空调专业维修工进行；各部门如有临时报修，视具体情况确定人员配备。现行管理状况较好。

附录　常用电气术语英汉对照表

1. 配电系统英汉对照表

缩　写	英　　　文	中　　　文
A		
ACB	Air Circuit Breaker	空气断路器
	Accessory	附件
	action current	动作电流
	Active power	有功功率
	actuating coil	动作线圈
	air circuit breaker	空气断路器
	Alarm contact	报警触头
	Alarm device	报警装置
	Alarm signal	报警信号
	analogue signal	模拟信号
	apparent power	视在功率
	arc failure	熄弧
	arc-control device	灭弧装置
	arcing contacts	灭弧触点
	Arc-over distance	飞弧距离
ATS	Automatic Transfer Switch	自动转换开关
	automatic switch-on of stand-by power supply	备用电源自投自复装置（ABP）
	Auxiliary contact	辅助触头
B		
	Back-up control	备用控制
	bare wire	裸线
	blowout coil	灭弧线圈
	blowout；quench	灭弧
	Box-type substation	箱式变电站
	Breaking capacity	分断能力
	bridging	跨接
	Bus plugs	插接箱
	Bus way	母线槽

续表

缩　写	英　　文	中　　文
C		
	cable	电缆
	cable duct	电缆管道
	cable fitting	电缆接头
	cable laying；cable placing	电缆敷设
	cable tray	电缆桥架
	Capacitance；capacity	电容
	Capacitive load	电容性负载
	capacitor	电容器
	Capacitor	电容器
	Capacitor cubicle	电容器柜
	Capacity-reducing factor	降容系数
	Centralized power supply	集中供电
	Circuit breaker	断路器
	Closed-circuit	闭路
	Closed-loop control	闭环控制
	Compensating capacity	补偿容量
	contact	触点
	contact potential difference	接触电位差
	contactor	接触器
	control	控制
	control board；control panel	控制屏
	control box	控制箱
	control cable	控制电缆
	control circuit	控制回路
	control equipment（apparatus）	控制设备
	control transformer	控制变压器
	control winding	控制绕组
	Copper loss	铜损
	corrosion resistant	防腐
	Cross-section area of wire	导线截面
CT	Current Transformer	电流互感器
	current intensity	电流强度
	current limiter	限流器
	current transformer	电流互感器
D		
	dampproof；moisture-proof	防潮

续表

缩写	英文	中文
	DC power supply panel	直流电源屏
	Decentralized power supply	分散供电
	Diesel generating station	柴油发电站
	Diesel generator	柴油发电机
	differential	差动
	differential relay	差动继电器
	distributed capacitance	分布电容
	distributed inductance	分布电感
	Distribution line	配电线路
	Distribution main	配电干线
	Distribution system	配电系统
	dividing box of cable	电缆分支盒（低压）
	Double-circuit line	两回线
	Draw-out	抽出式
	Draw-out type circuit-breaker	抽出式断路器
	dripproof; protected against dropping water	防滴
	dustproof; dust protected	防尘
E		
	earth fault current	接地故障电流
	earth fault; ground fault	接地故障
	Earth switch	接地开关
	earthing	接地
	earthing bus; main earthing conductor	接地干线
	earthing conductor	接地线
	earthing electrode	接地极
	earthing resistance	接地电阻
	earthing terminal	接地端子
	effective power	有效功率
	Electric accident	电气事故
	electric arc	电弧
	Electric control	电气控制
	electric drive	电气拖动
	electric potential; potential	电势（电位）
	electric power system	电力系统
	electric shock	电击（触电）
	electric welding	电焊

续表

缩写	英文	中文
	Electrical apparatus for explosive atmosphere	防爆电气设备
	Electrical design	电气设计
	Electrical engineering	电气工程
	Electrical equipment	电气设备
	Electrical interlocking	电气联锁
	electrical measurement	电气测量
	Electrical power supply	供电
	Electrical power system	电力系统
	Electromagnetic field	电磁场
	Electromagnetic hazard	电磁公害
	Electromagnetic interference	电磁干扰
	Electromagnetic operating mechanism	电磁操作机构
	Electromagnetic radiation	电磁辐射
	Electromagnetic release action current	电磁脱扣器动作电流
	Electromagnetic shielding	电磁屏蔽
	Electromagnetic starter	磁力起动器
	Electromagnetic valve	电磁阀
	Electromagnetic wave	电磁波
	electron device	电子器件
	electron voltage regulator	电子稳压器
	electronic thermometer	电子温度计
	electronic ballast	电子镇流器
	electronic component	电子元件
	electronic pressure transmitter	电子式压力变送器
	electrostatic	静电
	elevator	电梯
	emergency generator	应急发电机
	Emergency generator	应急发电机
	emergency power supply	应急电源
	enclosed type bus bar	封闭母线
	Epoxy casting transformer	环氧树脂浇注变压器
	equalizing current	均衡电流
	excitation voltage	励磁电压
	exit lighting（sign）	出口指示灯（信号）
	explosion	爆炸

续表

缩写	英文	中文
	explosive（gas，dust）mixture	爆炸性（气体，粉尘）混合物
	extinction voltage	熄灭电压
F		
	feed-back	反馈
	fire protection	防火
	Flame-proof switch	防爆开关
	field excitation	励磁
	field current	励磁电流
	field coil	励磁线圈
	Forced air cooling	强制风冷
	Frequency converter	变频器
	Fuse	熔断器
G		
	General load	一般负荷
	generator	发电机
GFCI	Ground Fault Circuit Interrupter	接地故障遮断器
	Ground	接地
	Ground fault protection	接地故障保护
H		
	half -wave rectifier	半波整流器
	Harmonic voltage	谐波电压
	Harmonic wave	谐波
	High-voltage distribution station	高压开闭所
	High-voltage switch gear	高压开关柜
	hold circuit	保持电路（自保持电路）
	Horizontal bus bar	水平母线
I		
	incandescent lamp，filament	白炽灯
	incoming line	进线
	independent time-lag	定时限
	inductance	电感
	inductive load	电感性负载
	installation position	安装位置
	installed capacity	额定功率
	installing height，mounting height	安装高度
	Instantaneous action	瞬动

续表

缩写	英文	中文
	insulate	绝缘
	insulated conductor（wire）	绝缘导线
	insulating material	绝缘材料
	insulating rod	绝缘棒
	insulation fault	绝缘故障
	insulation monitoring and warning device	绝缘监视和报警装置
	insulation property	绝缘性能
	insulation resistance	绝缘电阻
	insulator	绝缘子
	interlock	联锁
	interlock circuit	联锁电路
	interlock device	联锁装置
	interrupting capacity	断路容量
	intrinsically safety electrical apparatus	本质安全型电气设备
	inverse time-lag	反时限
	Invert power supply	逆变电源
	Isolating switch	隔离开关
K		
	key switch	按键开关
L		
	lag effect	滞后效应
	latching mechanism	闭锁机构
	leakage current	漏泄电流
	Limiting short-circuit breaking current	极限短路分断电流
	Load characteristic	负荷特性
	load class	负荷等级
	Load class	负荷等级
	Load density	负荷密度
	Load switch	负荷开关
	Long（short）-delay current setting	长（短）延时电流整定
	Low-voltage circuit breaker	低压断路器
	Low-voltage distribution panel	低压配电屏
	Low-voltage load switch	低压负荷开关
	Low-voltage switch board	低压开关柜
	LV（Low Voltage）appliances	低压电器

续表

缩写	英文	中文
M		
	measure	测量
	measuring accuracy	测量精度
	measuring range	量程
	measuring element	测量元件
	magnetic circuit	磁路
	magnetic flux	磁通量
	Main busbar	主母线
	Main electrical connection	电气主接线
	Maintenance	维护
MCC	Motor Control Center	马达控制中心
MCCB	Moulded Case Circuit-Breaker	塑壳断路器
	metal case	金属盒
	metallic flexible pipe	金属软管
	metallic railing	金属栏杆
	Metering	计量
	Mini relay	微型继电器
	Miniature Circuit Breaker	微（小）型断路器
	Motor starting	电机启动
	Motor-drive charging device	电动贮能机构
	module	模块
	mounting height	安装高度
N		
	National electrical code	国家电气规范
	Neutral busbar	中性母线
	Neutral line	中性线
	normal closed	常闭
	normal open	常开
O		
	On-load voltage regulation	有载调压
	open-loop control	开环控制
	open line	明线
	open-phase protection	断相保护
	operating condition	运行状态
	operating life	工作寿命
	outlet	出线口

续表

缩 写	英 文	中 文
	outlet box	出线盒
	Over current long time delay trip	过载长延时脱扣器
	Over current protection	过流保护
	Over voltage protection	过压保护
	Overload capacity	过载能力
	Overload protection	过载保护
P		
	Combined Protective and neutral conductor（PEN conductor）	保护中性线（PEN 线）
	parallel	并联
	Peak-value withstand current for main busbar	主母线动稳定电流
	Phase line	相线
	Phase-voltage	相电压
	platinum resistance thermometer	铂电阻温度计
	plug	插头
	plug-in busbar	插接母线
	plug-in unit；card	插件
	porcelain bushing	瓷套管
	porcelain insulator	瓷绝缘子
	potential difference	电位（电势）差
	Power capacitor	电力电容器
	power distribution	配电
	Power distribution apparatus	配电装置
	power factor	功率因数
	Power factor	功率因数
	Power meter	功率计，瓦特表
	Power source	电源
	power supply quality	供电质量
	power supply system	供电系统
	Power supply system	供电系统
	Power system	电力系统
	Power-driven mechanism	电动操作机构
	Primary	初级
	Primary coil	初级线圈
	Primary winding	初级绕组
	proportion	比例
	proportion plus integral	比例积分

续表

缩写	英文	中文
	Protection against electric shock	防电击保护
	Protection class	防护等级
	Protection line	保护线
	Protection range	保护范围
	Protective angle	保护角
	Protective class	保护等级
	Protective conductor（PE conductor）	保护线（PE 线）
	Protective conduit	保护管
	Protective device	保护装置
	Protective earthing	保护接地
	Protective gap	保护间隙
	Protective radius	保护半径
	Protective relaying setting	保护整定
	proximity effect	邻近效应
	Protective width	保护宽度
PT	Potential Transformer	电压互感器
	pulse	脉冲
	pulser; pulse generator	脉冲发生器
	push button	按钮
R		
	Rated voltage	额定电压
	Rated current	额定电流
	Rated insulation voltage	额定绝缘电压
	Rated power	额定功率
	Rated residual operating current	额定剩余动作电流
	Rated revolution	额定转数
	Rated working voltage	额定工作电压
RCCB	Residual Current operated Circuit Breaker	剩余电流保护断路器
	reactance	电抗
	Reactive compensation	无功补偿
	reactive compensation coefficient	无功补偿系数
	Reactive power	无功功率
	reactor	电抗器
	Receptacle	插座
	Relay	继电器
	reliability	可靠性

续表

缩　写	英　　文	中　　文
	Remark	备注
	Reserve capacity	备用容量
	residual current	剩余电流
	residual current circuit breaker	漏电断路器
	residual current protective device	剩余电流保护装置
	resistance	电阻
	resistance thermometer	电阻温度计
	resistor	电阻器
	Ring-main power supply	环网供电
S		
	safe distance	安全距离
	safety electrical apparatus	安全电气设备
	safety extra-low voltage（SELV）	安全特低电压
	safety impedance	安全阻抗
	safety lighting；security lighting	安全照明
	safety switch	安全开关
	Secondary	次级
	Secondary circuit	二次回路
	Secondary winding	次级绕组
	selectivity	选择性
	semiconductor	半导体
	sensitivity	灵敏性
	Sensitivity	灵敏度
	Sensor	传感器
SF6	sulfur hexafluoxide	六氟化硫
	series excitation	串励
	series resonance	串联（电压）谐振
	series，series connection	串联
	Settlement joint	沉降缝
	shock current	触电电击电流
	Short-circuit current	短路电流
	Short-circuit protection	短路保护
	Short-time withstand current for main busbar	主母线热稳定电流
	Shunt release	分励脱扣器
	shunt-excited	并励
	silicon-controlled rectifier	可控硅整流器

续表

缩写	英文	中文
	single pole switch	单极开关
	single-line drawing；one-line drawing	单线图
	Single-phase	单相
	single-phase watt-hour meter	单相电度表
	Socket，Socket box	插座，插座箱
	source；power supply	电源
	spare parts	备件
	spare，standby	备用
	splash-proof	防溅
	splitter box of cable	电缆分支盒（高压）
	Spring operating mechanism	弹簧操作机构
	Standard	标准
	Standby power source	备用电源
	standby unit	备用机组（单元）
	Starter	启动器
	stator	定子
	step voltage	跨步电压
	step change	阶跃变化
	step counter	步进计数器
	step response	阶跃响应
	step-by-step system	步进制
	Storage battery	蓄电池
	surge	浪涌
	surge voltage protector	浪涌电压保护器
	superconductor	超导体
	surface leakage	表面漏泄
	surface resistivity	表面电阻率
	switch	开关
	Switch disconnector	隔离开关
	switchgear	开关设备
	Switching capacity	开关容量
	Switching surge	操作过电压
T		
	Temperature	温度
	terminal box	接线盒
	test	测试

续表

缩　写	英　　　文	中　　　文
	test joint	测试接头（断接卡）
	Thermal overload relay	热继电器
	Three-phase	三相
	Threshold of let-go current	摆脱阈
	time switch	定时开关
	Time/current characteristic curve	时间/电流特性曲线
	timer	定时器
	touch voltage	接触电压
	Transformer	变压器
	Transformer cabin	变压器室
	Transformer substation	变电所
	Transient over-voltage	瞬时过电压
	Transmission	传输
	Transmission line protection	线路保护
	transmitter	变送器
	triggering	触发
	triggering pulse	触发脉冲
	Triple-harmonic wave	三次谐波
	tumbler switch	扳钮开关
U		
	Unbalance	不平衡
	Under-voltage release	欠电压脱扣器
	uninterrupted power system（UPS）	不间断电源系统
UPS	uninterrupted power source	不间断电源
	utilization factor	利用系数
V		
	Vacuum casting equipment	真空浇注设备
	Vacuum circuit breaker	真空断路器
	Vertical busbar	垂直母线
	Voltage class	电压等级
	Voltage dip	电压骤降
	Voltage drop	电压降
	Voltage fluctuation	电压波动
	Voltage grade	电压等级
	Voltage loss	电压损失

续表

缩写	英文	中文
	Voltage rating	电压额定值
	Voltage regulation	电压调整
	Voltage stability	电压稳定
	voltage stabilizer	稳压器
	Voltage transformer	电压互感器
	Voltmeter	电压表
W		
	wall inserted distribution/terminal box	壁装分线盒
	wall lamp	壁灯
	water proof	防水
	Watt-hour meter	电度表
	wave band	波段
	wave form	波形
	wave length	波长
	white lamp	白灯
	Wiring	布线
	Wiring connection	布线连接
	Wiring terminal	接线端子
Z		
	Zero potential	零电位
	Zero phase-sequence relay	零序继电器
	Zero phase-sequence component	零序分量
	Zero level	零电平
	Zero sequence time-delay current relay	零序延时电流继电器
	Zero sequence time-delay protection relay	零序延时保护继电器
	Zero sequence current protection	零序电流保护

2. 防雷接地英汉对照表

缩写	英文	中文
A		
	Air-termination system	接闪装置，接闪器
B		
	Ball lightning flash	球型雷
	Bonding bar	等电位联接带
	Bonding conductor	等电位连接导体
	Bonding inside structure	建筑物内部等电位连接
	Bonding network	等电位连接网络

续表

缩 写	英 文	中 文
C		
	converter	变流器
	Common earthing system	共用接地系统
D		
	Direct lightning flash	直击雷
	Direct thunderstroke protection	直击雷防护
	disconnector	断接卡（防雷接地）
	Down-conductor system	引下线
	Downward flash	向下闪击
E		
	Earth conductor	接地线
	Earth electrode	接地体
	Earth-termination system	接地装置
	Earthing for lightning protection	防雷接地
	Earthing	接地
	Earthing collected line	接地汇集线
	Earthing resistance	接地电阻
	Electrical installation	电气装置
	Electromagnetic impulse	电磁脉冲
	Electromagnetic induction	电磁感应
	Electromagnetic shielding	电磁屏蔽
	Electrostatic induction	静电感应
	Equipotential bonding conductor	等电位连接线
	Equipotential bonding，bonding	等电位连接
	Equipotential；isopotential	等电位
ERP	Earthing reference point	接地基准点
	External lightning protection system	外部防雷装置
F		
	Frequency converter	变频器
G		
	Galvanized	镀锌
	Galvanized flat steel	镀锌扁钢
	Galvanized round steel	镀锌圆钢
	Galvanized angle steel	镀锌角钢
I		
	Impulse current	脉冲电流

续表

缩 写	英 文	中 文
	Impact earthing resistance	冲击接地电阻
	independent lightning rod	独立避雷针
	Impact test	冲击试验
	Information system	信息系统
	Internal equipotent bonding	内部等电位连接
	Internal lightning protection system	内部防雷装置
L		
LEMP	Lightning Electromagnetic Impulse	雷击电磁脉冲
	Lightning arrester	避雷器
	Lightning induction	雷电感应
	Lightning protection	防雷
	Lightning protection measures	防雷措施
	Lightning protection system	防雷装置
	Lightning rod	避雷针
	Lightning stroke	雷击
	Lightning surge on incoming services	雷电波侵入
	Local bonding bar	局部等电位连接带
	Long stroke	长时间雷击
LPS	Lightning Protection System	防雷装置
LPZ	Lightning Protection Zone	防雷区
M		
	Main earthing terminal board	总接地端子板
	meshed conductor	避雷网
	multiple earthing；iterative earthing	重复接地
	meter	电表（美）
	Maximum continuous operating voltage	最大持续运行电压
N		
	Natural earthing electrode	自然接地极
	Nominal discharge current	标称放电电流
O		
	Over voltage	过电压
P		
	Protective conductor	保护线（PE线）
	Pole-changing 3-phase motor	变极三相电动机
	Point of strike	雷击点

续表

缩　写	英　　文	中　　文
R		
	rheostat	变阻器
	Ring earthing system	环形接地装置
S		
	Shielding of structure	建筑物屏蔽
	Short stroke	短时间雷击
SPD	Surge Protective Device	电涌保护器
	Specific energy	单位能量
	stretched wire；roof conductor	避雷线
	strip conductor	避雷带
	Surge	电涌
	Surge arrester；lightning arrester	避雷器
T		
	terminal	端子
	terminal board；terminal block	端子板
	thunderstorm wave intrusion	雷电波侵入
	thunder induction；thunderstorm electricity induction	雷电感应
	thunder-wave intrusion protection	防雷电波侵入
	thunder-induction protection	防雷电感应
	thunderstroke；lightning stroke	雷击
	thunderstorm days	雷电日
	terminal box	端子箱
U		
	United earthing system	联合接地系统
	Upward flash	向上闪击
V		
	Vertical earth electrode	垂直接地体
	Vertical air termination	垂直接闪器

3. 火灾自动报警英汉对照表

缩　写	英　　文	中　　文
A		
	Air sampling smoke detector	空气采样感烟探测器
	Alarm bell	警铃
C		
	Central alarm controller	集中报警控制器

续表

缩 写	英 文	中 文
	Combined detector of smoke and heat	烟、温复合探测器
D		
	Detection area	探测区域
	Direction sign luminaire	指向标志灯
	Door holder	持门器
E		
	Emergency Exit	紧急出口
	Emergency fire broadcasting system	消防应急广播系统
	Emergency lighting duration	应急照明持续工作时间
	Escape lighting luminaire	疏散照明灯
	Escape route	疏散通道
	Escape sign luminaire	疏散标志灯
	Escape stair	疏散楼梯
	Evacuation valve	排烟阀
	Exit	安全出口
	Exit sign luminaire	安全出口标志灯
F		
	Fire alarm system	火灾报警系统
	Fire control center	消防控制中心
	Fire curtain	防火幕
	Fire door	防火门
	Fire fighting joint control	消防联动控制
	Fire-fighting telephone system	消防电话系统
	Fire hydrant	消火栓
	Fire lift	消防电梯
	Fire management system	消防管理系统
	Fire protection	防火
	Fire pump	消防泵
	Fire-resisting rolling shutter	防火卷帘门
	Fire valve	防火阀
	Fire zone	防火分区
	Fixed extinguishing equipment	固定灭火设备
	Fixed temperature heat detector	定温探测器
G		
	Gas detecyor	可燃气体探测器
H		
	Heat detector	感温探测器

续表

缩写	英文	中文
I		
	Infrared detector	红外探测器
	Ionization smoke detector	离子感烟探测器
M		
	Maintained emergency lighting	持续运行的应急照明
	Manual alarming button	手动报警按钮
O		
	Optical smoke detector	光电感烟探测器
P		
	Push button	报警按钮
R		
	Rate of rise heat detector	差温探测器
	Regional alarm controller	区域报警控制器
S		
	Smoke detector	感烟探测器
	Smoke-stopping suspended barrier	挡烟垂壁
W		
WFS	Water Flow Switch	水流开关

4. 弱电术语英汉对照表

缩写	英文	中文
A		
1000BASE-T	1000BASE-T	1000Mbit/s 基于 4 对线全双工应用的以太网
100BASE-T2	100BASE-T2	100Mbit/s 基于 2 对线全双工应用的以太网
100BASE-T4	100BASE-T4	100Mbit/s 基于 4 对线应用的以太网
100BASE-TX	100BASE-TX	100Mbit/s 基于 2 对线应用的以太网
100BASE-VG	100BASE-VG	100Mbit/s 基于 4 对线应用的需求优先级网络
10BASE-T	10BASE-T	10Mbit/s 基于 2 对线应用的以太网
A/D	Analog/Digital	模／数转换
AA	Architectural Acoustics	建筑声学
ACD	Automatic Call Distributor	自动呼叫分配器
ACMS		综合通道控制和警报监视系统
ACR	Attenuation Crosstalk Ratio	衰减-串音衰减比率

续表

缩写	英文	中文
ADO	Auxiliary Disconnect Outlet	辅助的可断开插座
ADOC	ADO Cables	辅助的可断开插座电缆
ADSL	Asymmetrical digital Subscriber Line	非对称数字用户线系统
ADU	Asynchronous Data Unit	异步数据单元
AFS		排风机
AGC	automatic gain control	自动增益控制
AHP	Analytic Hierarchy Process	层次分析处理
AHU	Air Handling Unit	空调机组
AI	Analog Input	模拟输入
AIBI	American Intelligence Building Institute	美国智能建筑协会
AM	amplitude modulation	调幅
AMR	Automatic Meters Reading	自动抄表
AM-VSB	Amplitude Modulation - Vestigial Sideband	调幅－残留边带
AN	Access Network	接入网
ANN	Artificial Neural Network	人工神经网络
ANSI	American National Standards Institute	美国国家标准协会
AO	Analog Output	模拟输出
APC	advanced process control	高级过程控制（软件）
API	Application Program Interface	应用程序接口
APS	Architectural Planning System	建筑规划系统
ARCnet	Attached Resources Computer Network	附属资源计算机网络
ARPA	Advanced Research Projects Agency	高级计划研究署（美国国防部通信网）
AS	Application Software	应用软件
ASA	American Standard Association	美国标准协会
ASCII	American Standard Code for Information Interchange	美国信息交换标准码，ASCII码
ASHRAE	American Society of Heating, Refrigerating and Air - Conditioning Engineers	美国采暖冷冻空调工程师协会
ASIC	application specific integrated circuit	特定用途集成电路
ATM	Asynchronous Transfer Mode	异步传输模式
ATM	Automatic Teller Machine	自动柜员机（自动出纳机）
AU	Access Unit	访问单元
AUDIOTEX		声讯服务，语音传讯
	Abstract Syntax	抽象语法
	Access Control	刷卡、门禁、通道控制
	Access control system	通道控制系统
	Accounting	计费管理

续表

缩 写	英 文	中 文
	Acknowledged	确认
	Acoustic column	音柱
	acoustic feedback	声反馈
	Acoustic reflection	声反射
	Active HUB	有源集线器
	Active network	有源网络
	Actuator	执行器
	Adapter Cable	适配器电缆
	Adjacent channel transmission	邻频传输
	administation	管理
	agent	主体、又称“代理”
	Alarm bell	警铃
	Amplifier	放大器
	Announcement	通知
	antenna	天线
	Antenna amplifier	天线放大器
	Anti-intruder system	防非法入侵系统
	Application Layer	应用层
	Application Processor	应用程序处理器
	Application Specific “Smart Nodes”	单点智能控制器
	Attendance	员工考勤
	Attenuation	衰减
	Attenuator	衰减器
	audio frequency; V. F (voice frequency)	音频
	Authentication	鉴别
	Auto traffic barrier	自动挡车杆
	automatic	自动
	Automatic level control	自动电平控制
	automatic telephone exchange	自动电话交换台
	automatic telephone set	自动电话机
	auxiliay relay; intermediate relay	中间继电器
B		
BACnet	Building Automation and Control network	建筑物自动控制网络标准通信协议
BAS	Building Automation System	楼宇自动化系统、建筑设备监控系统
BASIC	Beginner's All- Purpose Symbolic Instruction Code	初学者通用符号指令代码,BASIC语言
BBS	Bulletin Board System	公告栏系统（电子公告栏）

续表

缩　写	英　　文	中　　文
BD	Building Distributor	建筑物配线设备
BGM	Back ground music	背景音乐
BGN	Back ground Noise	背景噪声
BGP	Boarder Gateway Protocol	边界网关协议
BGS	Back ground Sound	背景音响
BICSI		建筑行业国际咨询机构
BID	Board Inward Dialing	半自动中继方式
BIM	broadband interface module	宽带接口模块
BIOS	Basic input and Output System	基本输入输出系统
BISDN	Broadband ISDN	宽带综合业务数字网
BLOLITE		吹光纤技术
BMEB	Background Music and Emergency Broadcast	背景音乐和紧急广播
BMS	Building Management System	建筑设备管理系统
BOD	bill on demand	旅客消费帐单查询系统
bpi	bits per inch	位数每英寸，位（比特）/英寸
Bpi	bytes per inch	字节数每英寸，字节/英寸
bps	bits per second	比特/秒，位/秒，速率
BRI	Basic Rate Interface	基本速率接口
BTV	Business TV	商业电视
BUL	Backup Lighting	备用照明
BX	base exchange	基本交换
	Back bone Network	主干网、中枢网络
	Back light compensation	背光补偿
	backbone subsystem	干线子系统（垂直子系统）
	backup	备份
	backwater valve	止回阀，逆止阀
	Balance	平衡
	balance cable	平衡电缆
	Band width	带宽
	Bandpass filter	带通滤波器
	Bands amplifier	频段放大器
	bar code	条码
	Baseband	基带
	Basic Link	基本连接
	baud rate	波特率
	Bi-direction transmission	双向传输

续表

缩写	英文	中文
	bill of resource	资源清单
	Bit Output	位输出
	Bit Input	位输入
	Black and white	黑白
	blind zone	盲区
	Bridge	网桥
	Broadband	宽带
	Broadcast system	广播系统
	Broadcast zone	播音区域
	building backbone cable	建筑物干线电缆（光缆）
	building entrance establishment	建筑物入口设施
	bulk effect sensor	体效应传感器
	Burglar alarm system	防盗报警系统
	Bus	总线
	Bus Topology	总线拓扑
	Byte Input	字节输入
	Byte Output	字节输出
C		
CA	Call Accounting	呼叫计费
CAC	Computer Aided Construction	计算机辅助施工
CAD	Computer Aided Design	计算机辅助设计
CAE	Computer Aided Engineering	计算机辅助工程
CAEM	Computer Aided Equipment Management	计算机辅助设备管理
CAI	Common Aerial Interface	公共空中接口
CAM	Computer Aided Manufacturing	计算机辅助制造
CANET		中国科技网
CAS	Communication Automation System	通信自动化系统
CAS	Custom Application Software	普通软件
CASE	Computer Aided System Engineering	计算机辅助系统工程
CATV	Community Antenna TV	共用天线电视
CATV	Cable Television	电缆电视、有线电视
CBD	Computer - aided Building Design	计算机辅助建筑设计
CBD	central business district	商业中心区
CCA	consult civil aviation	民航信息查询系统
CCD	Charge coupled devices	电荷耦合器件
CCIR	Consultative Committee on International Radio	国际无线电咨询委员会

续表

缩 写	英 文	中 文
CCITT	Consultative Committee on International Telephone and Telegraph	国际电报电话咨询委员会
CCN	Center Computer and Network	中央计算机及网络系统
CCTV	Closed Circuit Television	闭路电视
CD	Campus Distributor	建筑群配线设备
CDMA	Code Division Multiple Access	码分多址
CDP		冷却水泵
CD-ROM	Compact Disc-Read-Only Memory	压缩式光盘只读存储器
CDSA	comment data security architecture	数据安全的基础框架
CAECS	China Association for Engineering Construction Standardization	中国工程建设标准化
CEECS	computer environment energy control system	计算机环境能源控制系统
CEO	Chief Execution Officer	首席执行官
CFM	Compounded Frequency Modulation	压扩调频
CFO	Chief Financial Officer	财务主管
CGA	Color Graphics Adapter	彩色图形适配器
CGI	computer graphics interface	计算机图形接口
CGP	Color Graphics Player	彩色图形显示器
CH	Chiller	冷水机组
CHINADDN	CHINA Digit Data Network	中国公用数字数据网
CHINAFAX		中国公用传真存储转发业务
CHINAFO		中国公众多媒体通信网
CHINANET		中国公用 Internet 网
CHINAPAC	CHINA PACket network	中国公用分组数据交换网
CHINAPAC		中国分组交换网络
CHINAWDN	China wireless data network	中国公用无线数据通信网
CHP	Chiller Pump	冷冻水泵
CIMS	Computer Integrated Manufacturing System	计算机集成制造系统
CIO	Chief Information Officer	首席信息官，信息主管人员
CISPR	Commission International Special des Perturbations Radio	国际无线电干扰特别委员会
CLP	Cell Loss Priority	信元丢弃优先权
CM	Cable Modem	电缆调制解调器
CMIP	Common Management Information Protocol	公共管理信息协议
CMOS	Complement Metal Oxide Semiconductor	互补金属氧化物半导体，互补 MOS
CNPAC	Chinese Public Data Packet Switching System	中国公用数据分组交换系统（实验网）

续表

缩　写	英　　文	中　　文
CNS	Communication Network System	通信网络系统
COBOL	Common Business-Oriented Language	面向商业的通用语言，COBOL语言
CODEC	Coder / Decoder	编码解码器
COM	component object module	组件模块
COM/DCOM	Commom Object Model/Discrete COM	共用目标模型/分散式共用目标模型
COSINE	Cooperation in Open System Interconnection Network in Europe	欧洲开放系统互联网合作组织
CP	Connect Point	转接点
CPMS	Car Parking Management System	停车场管理系统
CPN	Customer Premises Network	用户建筑群网络、户驻地网
CPS	characters per second	每秒字符，字符每秒
CPU	Center Process Unit	中央处理单元
CR/E	card reader / Encoder (Ticket reader)	卡读写器 / 编码器
CRM	Customer Relationship Management	客户关系管理
CRT	Cathode Ray Tube	阴极射线管显示器
CRT		显示屏
CS	Cabling System	电缆系统
CSA		清算和金融服务系统
CSMA	Carrier Sense Multiple Access	载波监听多路访问
CSMA/CD FOIRL	CSMA/CD Fibre optic inter-repeater link	CSMA/CD 中继器之间的光纤链路
CSMA/CD10BASE-F	CSMA/CD10BASE-F	CSMA/CD 10Mbit/s 基于光纤
CSMA/CD1BASE5	Carrier Sense Multiple Access with collision detection 1BASE5	用碰撞方式的载波监听多路访问基于1Mbit/s 粗电缆
CT		冷却塔
CTD	Cable Thermal Detector	缆式感温探测器
CTI	Computer Telephony Integration	计算机电话集成系统
CTP	Command Terminal Protocol	命令终端协议
CUG	close user group	闭合用户群
CVSD	Continuous Variable Slope Delta Modulation	连续可变斜率增量调制
CWP	Cooling water pump	冷却水泵
	cable	缆线（包括电缆、光缆）
	cable unit	电缆单位、光缆单元
	cabling	布线
	Cambridge Ring	剑桥环
	Camera	摄像机
	campus backbone cable	建筑群主干电缆、建筑群主干光缆

续表

缩写	英文	中文
	campus distributor	建筑群配线设备
	campus subsystem	建筑群子系统
	Carbon Dioxide Extinguishing System	二氧化碳灭火系统
	carrier telephone	载波电话
	carrier; signal carrier	载波
	cash on bank	银行存款
	Ceiling Screen	挡烟垂壁
	cell	信元、单元
	Central security room	安防中心
	Centralized control	集中控制
	Centrex	局控（集中式）交换业务
	certify, confirm	证实
	channel	信道
	Characteristic impedance	特性阻抗
	charactron	数码管
	chat	网上聊天
	Client / Server	客户机/服务器结构 简称 C/S
	Closed-circuit television system	闭路电视监视系统
	Cluster Controller	族控制器
	Coaxial Cable	同轴电缆
	coaxial; gang; concentric	同轴
	Cold boot	冷启动
	Collision Detection	冲突检测
	color TV	彩色电视
	Color Printer	彩色打印机
	combination detector	复合探测器
	Commercial Network	商业网
	commitment	承诺
	common use with card	一卡通
	communication	通讯（通信）
	communication line	通讯（通信）线路
	compatibility	兼容性
	Complex Topology	混合型拓扑
	Component Manager	部件管理器
	compress	压缩

续表

缩写	英文	中文
	Concentrator	集中器
	Configuration parameter	结构参数
	Configured Router	配置路由器
	Connection	连接
	Console	话务室
	consolidation polut (CP)	集合点
	contact	触点
	Contrast ratio	对比度
	Control Network Development Tools	网络开发工具
	Control desk	控制台
	Control software	控制软件
	control system	控制系统
	Conventional detector	常规探测器
	Cordless Telephone	无绳电话
	Core Network	核心网
	CP cable	CP 缆线
	Critical distance	临界距离
	Cross - connect Jack Panel	混合式配线架
	Cross - modulation ratio	交扰调制比
	crossbar system exchange	纵横制交换机
	cross-connection	交接
	Crossed Pair	交错对
	Crosstalk	串扰
D		
DC	direct current	直流
D/A	Digital / Analog	数/模转换
DAP	Data Access Protocol	数据访问协议
dB	dB	分贝
DBA	Data Base administrator	数据库管理员
dBm		取 1mW 作基准值，以分贝表示的绝对功率电平
dBmo		取 1mW 作基准值，相对于零相对于电平点，以分贝表示的信号绝对功率电平
DBS	Direct Broadcast Satellite	卫星直拨
DCA	Data Communication Adapter	数据通信适配器

续表

缩写	英文	中文
DCE	Data Circuit - terminating Equipment	数据电路终端设备
DCE	Data Communication Equipment	数据通信设备
DCS	Distributed Control System	集散型控制系统
DCS	Digital Conference System	数字会议系统
DD	Distribution Device	配线装置
DDC	direct digital control	直接数字控制
DDCMP	Digital Data Communication Message Protocol	数字数据通信消息协议
DDD	direct distance dialing	长途直拨（电话）
DDE	Dynamic Data Exchange	动态数据交换
DDI	Direct Dial Input	直接拨入
DDN	Digital Data Network	数字数据网
DECT	Digital European Cordless Telecommunication	欧洲数字无绳电信
DES	data encryption standard	数据加密标准
DG	Data Gateway	数据网关
DGP	Data Gathering Panel	数据采集器
DHT	Digital Home Terminal	数字家庭终端
DI	Digital Input	数字输入
DID	Direct Inward Dialing	直接拨入
DLL	Dynamic Link Library	动态链接库
DLP	digital Light Prosessor	数字光处理器
DM	Directory Management	目录管理
DME	Distributed Management Environment	分布式管理环境
DN	Domain Name	域名
DNA	Digital Network Architecture	数字网络体系结构
DNS	Domain Name Server	域名服务器
DO	Digital Output	数字输出
DOD	Direct Outward Dialing	直拨呼出
DOS	Disk Operation System	软盘操作系统
DP	Demarcation Point	分界点
DPC	Differential Pressure Controller	压差控制器
DPS	Differential Pressure Switch	压差开关
DPS	disaster prevention system	防灾系统
DPT	Distributed Transaction Processing	分布式事务处理
DRAM	dynamic random access memory	动态随机存取存储器

续表

缩写	英文	中文
DRL	distribution return loss	分布回波损耗
DS	Directory System	目录服务系统
DSP	Digital Signal Processing	数字信号处理
DSS	Decision Support System	决策支持系统
DTE	Data Terminal Equipment	数据终端设备
DTP	Distribution Terminal Processing	分布式事务处理
DVB	Digital Video Broadcasting	数字视频广播
DVD	digital video disc	数字化视频光盘
	D．C．power supply	直流电源
	D/A（digital-to-analogue）	数字-模拟转换
	D/T（data transmission）	数据传输
	data acquisition	数据采集
	Data Link	数据链接
	Data Link Layer	数据链路层
	Data Broadcasting	数字广播
	data communication	数据通信
	Data gram Protocol	数据报协议
	Data Link	数据链接
	Data Link Layer	数据链路层
	data processing	数据处理
	Dead band	死区
	Decoder	解码器
	default	默认
	Definition	清晰度
	Desktop	桌面型
	Desktop Videoconference System	桌面会议电视系统
	Detection Devices	探测装置
	Detectors and Sensors	探测器与传感器
	diagnostics	诊断
	dial office	自动电话局
	Digital Trunk Unit	数字中继单元
	digital control	数字式控制
	digital data service	数字信息业务
	Digital message player	数字信息播放机

续表

缩 写	英 文	中 文
	Digital video recording system	数字录像系统
	digitalization	数字化
	Direct sound	直达声
	distortion	失真
	Distributed Control	分布式控制
	Distributed Control System of Computer Process	集散型计算机过程控制
	distributed computer system	分布计算机系统
	distributor	配线架
	Domain	域
	Door contacts	门传感器、门磁
	drop	撤销
	Dual - technology sensor	双鉴传感器
E		
EEPROM		电子可擦除只读存储器
EC	Electronic Commerce	电子商务
EC	Equipment Cord	设备软线
ECC	Embedded Control Channel	嵌入式控制通道
EDFA	Erbium - Doped Fiber Amplifier	掺饵光纤放大器
EDI	Electronic Data Interchange	电子数据交换或称无纸贸易
EDR	External Data Representation	外部数据表示
EEISR	engineering of electronic information system room	（电子信息系统）机房工程
EFTS	Electronic Funds Transfer System	电子资金转账系统
EGP	External Gateway Protocol	外部网关协议
EI	Evacuation illumination	疏散照明
EIA	Electronic Industries Association	美国电子工程协会
EIS	electronic information system	电子信息系统
EL	Emergency lighting	应急照明
ELFEXT	Equal Level Far End Crosstalk	等电平远端串音
EM	Electronic Mailbox	电子邮箱
E-mail	Electronic Mail	电子邮件
EMC	Electromagnetic Compatibility	电磁兼容
EMI	electro magnetic interference	电磁干扰
EMI / RFI	Electromagnetic Interference / Radio Frequency Interference	电磁干扰 / 射频干扰
EMS	Electromagnetic Sensitivity	电磁敏感性

续表

缩写	英文	中文
EPS	Emergency Power supply	应急电源，应急动力源
EPROM	electrically - erasable programmable ROM	电擦除可编程只读存储器
EPS	Environment Planning System	环境规划系统
EQU	equipment	设备
ER	Equipment Room	设备间
ERO	Ethernet Router Option	以太网路由器选件
ERP	Enterprise Resource Planning	企业资源计划
ES	Emergency Socket	应急插座
	Earphone	耳机
	Earphone socket	耳机插孔
	earphone；telephone receiver	听筒
	Echo	回响
	economic information system	经济信息系统
	Economics Cycle	经济循环
	Electric control lock	电控锁
	Electrical power cut-off	切断供电电源
	electromagnetic environment	电磁环境
	electromagnetic shielding	电磁屏蔽
	electromegnetic compatibility	电磁兼容性
	electronic banking	电子银行业务，电子金融
	electronic billing	电子付款
	Electronic Display Information System	电子广告系统
	electrostatic shield	静电屏蔽
	electrostatic discharge	静电放电
	embedded software	嵌入式软件
	emergency exit	紧急出口，备用引出端
	emergency power cut - off	紧急切断电源
	emergency warning system	紧急告警系统
	Emergency push button	紧急报警按钮
	EMI protection	电磁干扰保护
	Encoder	编码器
	encryption，encipherment	加密
	Energy Management	能源管理
	environment	环境
	Equalizer	均衡器
	equipment cable	设备电缆（光缆）

续表

缩　写	英　　文	中　　文
	equipment installation	设备安装
	equipment room	机房
	Ethernet	以太网
	Ethernet Switch	以太网交换器
	Evacuation Signal	疏散照明
	evaluation	评价，评估
	Event	事件
	expert system	专家系统
	extinguisher	灭火器
F		
f. f. s	for further study	进一步研究
FAB	Fire Alarm Bell	火警警铃
FAS	Fire Alarm System	火灾报警系统
FC	Fiber Channel	光纤通道
FCU	Fan Coil Unit	风机盘管
FD	Fire Door	防火门
FD	Floor Distributor	楼层配线设备
FDDI	Fiber Distributed data Interface	光纤分布式数据接口
FDM	Frequency Division Multiplexing	频分多路复用
FDMA	Frequency Division Multiple Access	频分多路存取
FEXT	Far - End Cross talk	远端串扰
FFES	Foam Fire Extinguish System	泡沫灭火系统
FH/DS	Frequency Hopping / Direct Sequence	扩频调制方式中的跳频/直接序列
FM	Frequency Modulation	调频广播
FNNC	Fuzzy Neural Network Controller	模糊神经网络控制器
FOIRL	fibre optic inter-repeater link	光纤中间增音设备
FOR	Forward Optical Receiver	正向光接收机
FORTRAN	Formula Translate	公式翻译，FORTRAN语言
FPS	Fast Packet Switching	快速分组交换
FR	Frame Relay	帧中继
FRN	Frame Relaying Network	帧中继网
FRS	Fire Resistant Shutter	防火卷帘
FTAM	File Transfer Access and Management	文件传输、访问和管理
FTP	foil twisted pair	金属箔对绞线
FTP	File Transfer Protocol	文件传输协议
FTT	Free Topology Transceiver	自由拓扑收发器
FTTB	Fiber To The Building	光纤到楼

续表

缩写	英文	中文
FTTC	Fiber To The Curb	光纤倒路边
FTTD	fibre to the desk	光纤到桌面
FTTF	Fiber To The Feeder	光纤到支线
FTTF	Fiber To The Floor	光纤到楼层
FTTH	Fiber To The Home	光纤到户
FTTL	Fiber To The Last Amplifier	光纤到最后一个放大器
FTTO	Fiber To The Office	光纤到办公室
FTTZ	Fiber To The Zone	光纤到小区
FW	Fire Wall	防火墙
	facility	设施
	fail，fault	故障
	fail-safe system	无障碍系统
	failure	失效，又称失败、故障
	Fast Ethernet	高速以太网
	fault-free	无故障
	fault freedom	容错性能
	fault tolerant	容错
	Fax Mailbox	传真信箱
	feasibility	可行性
	feasibility study	可行性研究
	Fee indicator	费用显示器
	female connector	插座，带有可插入插针对插孔的电缆插接件
	field bus	现场总线
	Field intensity	场强
	Filer	文件夹
	Fire Alarm Control Unit	火灾自动报警控制装置
	Fire Detection and Prevention	火灾探测与预防
	Fire Extinguisher	灭火器
	Fire-fighting Automation System	消防自动化系统
	Fire Hydrant	消火栓
	Fire Lift	消防电梯
	Fire Protection Device	消防设施
	Fire Resistant Damper	防火阀
	Fire safety evacuation	火灾安全疏散
	Fire Telephone	消防电话

续表

缩　写	英　　文	中　　文
	firmware	固件
	Fixed Temperature Heat Detector	定温探测器
	Fixed focal lens	定焦镜头
	fixed horizontal cable	永久水平缆线
	Flame Detector	火焰探测器
	Flat File	平面文件
	Flexible auto gate	伸缩式自动门
	Floor Service Termination	楼层服务端接
	Flow Controllers	流量控制器
	Fourth Generation Language	第四代语言
	Frame Relay Services	帧中继服务
	frequency	频率
	Frequency band	频段
	frequency channel	频道
	Frequency response	频率响应
	frequency sensitive rheostat	频敏变阻器
	front screen projection display	前投影（正投影）
	front screen projector	前投影机（正投影机）
	Function block	功能块
	Functional Profile	功能分布功能分配说明书
	Functional Profile	功能特性
G		
GAP	Generic Access Profile	通用访问简表
GB	graph base	图形库
GB	gigabyte	十亿字节，吉字节
GCS	Generic Cabling System	综合布线系统
GFC	Generic Flow Control	一般流量控制
GGP	Gateway to Gateway Protocol	网关到网关协议、网关间协议
GIS	Geographic Information System	地理信息系统
GLRN	global location registration network	全球位置登记网络
GND	ground	接地
GPS	Global Position System	全球定位系统
GSM	Group Special Mobile	群组专用移动通信体制
GSM	Global System for Mobil Communication	全球移动通信系统
GUI	graphical user interface	图形用户界面
GVRP	global virtual registration protocol	全球虚拟网注册协议

续表

缩写	英文	中文
	Gain	增益
	Gateway	网关
	general symbol of louderspeaker	扬声器的一般符号
	Generator	发电机，发动机
	generic cabling system for building and campus	建筑与建筑群综合布线系统
	Gigabit Ethernet	千兆位以太网
	Glass Break Sensors	玻璃破碎传感器
	Graphic software	图形软件
	gray scale	灰度等级
	Group	组
	Guard Tour	巡更系统
H		
HA	Home Automation	住宅自动化
HAC	Home Automation Controller	家庭自动控制器
HBA	host bus adapter	主机总线适配器
HCP	Hard-Copy Printer	硬拷贝打印机
HD	Heat Detector	感温探测器
HDS	Home Distribution System	家庭分配系统
HDSL	High-data rate digital Subscriber Line	高速数字用户线系统
HDTV	High Definition Television	高清晰度电视
HE	Home Electronic	住宅电子化
HEC	Header Error Control	信头差错控制
HFC	Hybrid Fiber Coaxial	光纤同轴电缆混合网
HI-CIMS	Housing Industrialization-Contemporary Integrate Manufacture System	住宅产业－现代集成建造系统
Hi-Fi	High Fidelity	高保真
HIS	Hospital Information System	医院信息系统
HOD	hotel on demand	酒店内部服务点播系统
HRC	Hybrid Ring Control	混合环控制
HTML	Hypertext Markup Language	超文本置标语言
HTTP	Hypertext Transfer Protocol	超文本传送协议
HUB		集线器
HVAC	Heating Ventilation and Air Conditioning	供暖通风空调
HWS	Hot Water Supply	热水供应系统
	Headend system	前端系统
	head end with local antenna	天线引入的网络前端

续表

缩写	英文	中文
	heat dissipater	散热器
	heat radiation	热辐射
	Heating Curve With adoption	供热曲线控制
	herizontal cable	水平缆线
	Hi-Tech Building	高科技大楼
	High speed recording	高速录像
	high-end	高端
	horizontal cable	水平电缆（光缆）
	horizontal subsystem	配线子系统（水平子系统）
	Host-Based	基于主机
	Host Computer	主机
	Host Processor	主处理器
	human-computer dialogue	人机对话
	human-computer interaction	人机交互
	hybrid cable	混合电缆
	hydrant	消防栓，消防龙头
I		
I/O	Input/Output	输入/输出
IAS	information application system	信息化应用系统
IB	Intelligent Building	智能建筑
IBDN	Integrated Building Distribution Network	建筑物综合分布网络
IBMS	Intelligent Building Management System	智能建筑管理系统
IC	Intelligent Card	智能卡
ICN	Intelligent Control Node	智能控制节点
ICP	Internet Control Protocol	英特网控制协议
ICS	Integrated Communication System	综合通信系统
ID	Identification	标识
IDD	international direct dialing	国际直拨长途电话
IDE	Integrated Drive Electronics	集成驱动器电子电路
IDF	Intermediate Distributing Frame	中间配线架或楼层配线架
IDN	Integrated Digital Network	综合数字电话网
IDS	Industrial Distribution System	工业布线系统
IDS	Intrusion Detection System	入侵检测系统
IEC	International Electrotechnical Commission	国际电工技术委员会
IEEE	Institute of Electrical and Electronic Engineers	美国电气电子工程师协会
IFRB	International Frequency Registration Board	国际无线电频率登记局

续表

缩 写	英 文	中 文
IFS	information facilities system	信息设施系统
IGP	Internet Control Protocol	因特网控制协议
IGRP	Interitor Gateway Routing Protocol	网关间连接器路由协议、内部网关路由选择协议
IIS	intelligent integration system	智能化集成系统
ILD	Injection Laser Diode	注入式激光二极管
IMAC	Isochronous Medium Access Control	等时媒体存取控制
INS	information network system	信息网络系统
IP	Information Processing	信息处理
IP	Internet Protocol	网互联协议
IP phone		IP 电话
IPC	Interprocess Communication	进程间通信
IPM	Inter Personal Messaging	人际报文通信类服务
IPTU	Indoor Pan and Tilt Unit	室内俯仰云台
IPX	Internetwork Packet Exchange	网际分组交换，Internet 包交换
IR	Information Retrieval	信息检索
IR	intelligent robot	智能机器人
ISD	Ionization Smoke Detector	离子感烟探测器
ISDN	Integrated Services Digital Network	综合业务数字网
IS-IS	Intermediate System-Intermediate System	中间系统－中间系统
ISLAN	integrated services local area network	综合业务局域网
ISO	International Organization for Standardization	国际标准化组织
ISO / IEC	ISO / International Electrotechnics Commission	ISO /国际电工技术委员会
ISO / OSI	ISO/ Open System Interconnection	ISO / 开放系统互连
ISP	Internet Service Provider	因特网服务提供者
IT	Information Technology	信息技术
ITU	International Telecommunication Union	国际电信联盟
ITU-T	international Telecommunication Union-Telecommunications (formerly CCITT)	国际电信联盟－电信（前称 CCITT）
IVR	Interactive Voice Response	交互式语音应答系统
	Image Compression	图像压缩
	Impedance	阻抗
	Indoor Pan Unit	室内云台
	indoor thermostat	室内恒温器
	information	信息
	information outlet	信息插座

续表

缩写	英文	中文
	Information Super-highway	信息高速公路
	Infrared rays	红外线
	Input impedance	输入阻抗
	Insert loss	插入损耗
	Inspection tour switch	巡视开关
	Installer Test Training	网络布线安装人员系统测试培训
	integrated	集成
	Integrated Channel Control And Alarm System	综合通道控制和报警系统
	integrated communications system	综合通信系统
	intelligent	智能
	intelligent apartment district	智能型住宅小区
	Intelligent node	智能节点
	Intelligent Building	智能建筑
	Intelligent Outstation	智能分站
	Interconnect fabric	互联光纤
	interconnection	互联
	Interconnection network	互联网络、互联网
	Interface	界面、接口
	interference	干扰
	interlock circuit	联锁电路
	interlock switch	联锁开关
	internally beaten bell	内击式电铃
	Inter net	因特网
	Interoperability	互操作性
	interrupt	中断
	inverter	逆变器
	Isochronous Ethernet	等时以太网技术
J		
JPEG	Joint Photographic Expert Group	联合静止图像专家组
JTM	Job Transfer and Management	作业传送与管理
	jack panel	插孔板
	Java	Java 语言
	jumper	跳线
	Junction box	接线盒
K		
KB	Keyboard	键盘

续表

缩 写	英 文	中 文
KBMS	knowledge base management system	知识库管理系统
KE	knowledge engineering	知识工程
	kilobit	千位
	kilobyte	千位字节
	knowledge industry	知识产业
L		
LAN	Local Area Network	局域网
LCD	Liquid Crystal Display	液晶显示屏
LCL	longitudinal to differential conversion loss	纵向对差分转换损耗
LCoS display	liquid crystal on silicon display	硅基液晶
LCTL	longitudinal to differential conversion transfer loss	纵向对差分转移损耗
LED	Light Emitting Diode	发光二极管
LHCP	Left Hand Circular Polarization	左旋圆极化
LLC	Logical Link Control	逻辑联接控制
LMDS	Local Multipoint Distributed Service	本地多点分布式服务
LON	Local Operating Network	就地操作网
LOS	Loss of Signal	信号丢失
LP	Linear Polarization	线性极化
LPU	Local Processing Unit	就地处理单元
LRA	Local Registration Authority	地方注册机构
LRP		报表打印机
LSIC	large scale integrated circuit	大规模集成电路
LSLC	Low Smoke Limited Combustible	低烟阻燃
LSNC	Low Smoke Non-Combustible	低烟非燃
LSOH	Low Smoke Zero Halogen	低烟无卤
LSPH	Low-Smoke Poisonless Halogenless	低烟无毒无卤
LTC	Landline Trunk Controller	有线线路控制器
	leading end	前端
	Laser	激光器
	Learning Router	自学习路由器
	LED video display panel	LED 视频显示屏
	Lens	摄像机镜头
	Level of Protection	防护级别
	Level of risk	风险等级
	Level of security	安全防护水平
	level up degree	平整度

续表

缩 写	英 文	中 文
	Lighting System	照明系统
	Limiter	限幅器
	link	链路
	Linux	Linux 操作系统
	load resistance	负载电阻
	Local Lamp	报警灯
	Local Mode Protection	就地保护
	Local Signaling	现场报警器
	local call; urbantelephone	市内电话
	Local control unit	现场控制单元
	Local network	就地网络
	local station; local exchange	市内电话局
	Log -off , log-out	注销，退出
	Log-in , log-on	注册，登录
	logical circuit	逻辑电路
	Logical input (output)	逻辑输入（输出）
	longitudinal-depth protection	纵深防护
	Lontalk Protocol	Lontalk 协议
	Lonwork Networking Technology	lonworks 网络技术
	Loudspeaker	扬声器
	Luminance	亮度
	luminance of LED screen	发光二极管显示屏亮度
M		
MAC	Medium Access Control	媒体存取控制、介质访问控制
MAN	Metropolitan Area Network	城域网
MAP	Manufacturing Automation Protocol	制造自动化协议
MAPI	Management Application Program Interface	管理应用程序接口
MAS	Management Automation System	管理自动化系统
MATV	Master Antenna Television	主天线电视
MAU	Multistation Access Unit	多站点存取单元
Mb	megabit	兆位，兆比特
MB	megabyte	兆字节，百万字节
MBC	Modular Building Controller	模块式楼宇控制器
Mbps	megabits per second	兆比特每秒
MCS	Multimedia computer system	多媒体计算机系统
MCU	Multipoint Control Unit	多点控制单元

续表

缩　写	英　　文	中　　文
MDF	Main Distribution Frame	主配线架
MDI	medium dependent interface	媒体相关接口
MDNEXT	Multiple Disturb NEXT	多个干扰的近端串音
MHS	Message Handling System	信息处理系统
MIB	Management Information Base	管理信息库
Min.	minimum	最小值
MIO	Multi-user Information Outlet	多用户信息插座
MIP	Microprocessor Interface Program	微处理器接口程序
MIS	management information system	管理信息系统
MIT	Massachusetts Institute of Technology	麻省理工学院
MMI	Man Machine Interface	人机交互界面
MMS	Manufacturing Message System	制造信息系统
MNP	Microcom Networking Protocol	Microcom 网络协议
MODEM	Modem，Modulator-Demodulator	调制解调器
MP	Management Protocol	管理协议
MP	Message Printer	信息打印机
MP	Modem Pooling	调制解调器群
MPEG	Moving Picture Expert Group	活动图像专家组
MS	Message Storage	报文存储器
MS	Mouse	鼠标
MS/TP	Master Slave / Token Passing	主从／令牌传递
MS-DOS	Microsoft Disk Operating System	微软公司磁盘操作系统
MT	multimedia technology	多媒体技术
MTBF	Mean Time Between Failure	平均故障间隔时间
MTS	Message Transfer System	报文传输系统
MTTR	Mean Time To Restore	平均故障恢复时间
MUTO	multi-user telecommunication outlet assembly	多用户信息插座
	MAC Processor	媒体访问控制处理器
	macro	宏
	magnetic contacts	磁控传感器
	magnetic tape	磁带
	Mail Box	信箱
	main contractor	总承包商
	main distributing frame	总配线架
	male connector	插头，带有专门插入插座孔的任何电缆插接件

续表

缩写	英文	中文
	Man-machine dialogue	人机对话
	man-machine interation	人机对话
	Manual Call point	手动报警器
	maximum sound pressure level	最大声压级
	mean time to failure	平均无故障时间
	mechanical protection	机械保护
	Medium Access Method	介质访问方式
	microcomputer	微型计算机
	microelectronic technique	微电子技术
	micro-machine	微电机
	Microphone	传声器，麦克风
	microswitch	微动开关
	microwave	微波
	microwave repeater system	微波中继系统
	Midware , intermediary	中介
	mobile radio	移动无线电通信
	Modem dial-out	调制解调器的拨出
	modify	修改
	Modulator	调制器
	Monitor	监视器
	Monitoring system	监听系统、监视系统
	Motorized door	电动门
	mounting	安装高度
	Moving detection	移动探测
	Multi-criteria evaluation	多准则评估
	multi-tasking operating system	多任务操作系统
	Multicasting	主广播
	Multi-drop Communication	多点通信
	multimedia	多媒体
	Multimode Fiber	多模光纤
	Multimode optical fiber cable	多模光缆
	Multipart Repeater	多端口中继器
	multiple attribute decision-making	多目标决策分析
	Multipoint Communication	多点通信
	multi-user	多用户
	Music on hold	等待音乐服务

续表

缩写	英文	中文
N		
NASA	National Aeronautics and Space Administration	美国宇航局
NC-BUS	Network Control-Bus	网络控制总线
NCC	Network Control Center	网络控制中心
NCU	Network Control Unit	网络控制单元
NECT	Near End Cross Talk	近端串音
NFS	Network File System	网络文件系统
NIC	Network Interface Card	网络接口卡
NICE	Network Information and Control Exchange	网络信息和控制交换
NID	Network Interface Device	网络接口装置
NII	national information infrastructure	（国家）信息基础结构（俗称信息高速公路）
N-ISDN	Narrowband-ISDN	窄带综合业务数字网
NMS	Network Management Station	网络管理站
NOD	news on demand	公共视频新闻点播
NOS	Network Operating System	网络操作系统
NPT	NonPacket mode Terminal	非分组型终端
NRZ	no-return to zero	不归零编码
NT	Network Terminal	网络终端
NUI	network user identification	网络用户识别
NV	Network Variable	网络变量
	Network Access	网络接入
	Network Layer	网络层
	network platform	网络平台
	Network Processor	网络处理器
	Network topology	网络拓扑（结构）
	Network Training Maintenance	网络维护培训
	network；electric network	网络
	Networking	网络化
	Neuron-Based	基于 Neuron 芯片
	Neuron Chip	Neuron 芯片
	Neurotic Network	神经网络
	Nibble Input	半字节输入
	Nibble Output	半字节输出
	Night Cooling	夜间冷却
	node	节点、结点

续表

缩　写	英　　文	中　　文
	Node Addresses	节点地址
	Noise Reduction	降噪
	Noise immunity	降噪
	notarization	公正
O		
OA	Office Automation	办公自动化
OAS	Office Automation System	办公自动化系统
OC	Outlet Cable	信息插座电缆
OCR	optical character recognition	光学字符识别
ODBC	Open Data Base Connectivity	开放的数据库连接
OI	operator interface	操作员界面
OLE	Object Linking and Embedding	对象链接与嵌入
OLED display	organic light emitting diode display	有机发光二极管显示屏
OLTU	Optical Line Terminating Unit	光端机单元
ONU	Optical Network Unit	光网络单元
OOD	KaraOk On Demand	卡拉 OK 点播系统
OPC	OLE for Process Control	用于过程控制的对象链接及嵌入
OPL	overfilled launch	过量发射
OS	Operating System	操作系统
OSF	Open Software Foundation	开放软件基金会
OSI	Open System Interconnection	开放系统互连
OSPF	Open Shortest Provider First	开放最短路径优先（算法、协议）
OSS	Optimize Start and Stop	最佳起停
OTDR	Optical Time Domain Reflector	光时域反射器
	out-of-control ratio	像素失控率
	Object	对象
	Off-Line	脱机，离线
	On-Line	联机、在线
	On Side Service	一种服务
	open link controller	开放式连接控制器
	Open platform	开放式平台
	Operating software	操作软件
	Operational characteristic	运行特点
	optical beam flame detector	线性光束火焰探测器
	optical disc	光碟、光盘
	Optical Fiber	光纤

续表

缩写	英文	中文
	output	输出端
	Output Packet Module	输出分组模块
	Output level	输出电平
	output transformer	输出变压器
	output (input) power	输出（入）功率
	output (input) signal	输出（入）信号
	output-input interface	输出输入接口
P		
P	proportion	比例
PABX	Private Automatic Branch Exchange	自动程换交换机
PACS	Personal Access Communication System	个人接入通信系统
PAD	Packet Assembly Disassembly	分组装拆设备
PAL	phase alternating line system	PAL 制式（逐行倒相彩色电视制）
PBX	Private Branch exchange	用户电话交换机
PC	Personal Computer	个人计算机
PCC	Programmable Computer Controller	可编程计算机控制器
PCM	Pulse Code Modulation	脉冲编码调制
PCU	Process Control Unit	过程控制单元
PCWS	PC Work Station	PC 工作站
PDA	Personal digital assistant	个人数据助理
PDH	Plesiochronous Digital Hierarchy	准同步数字系列速率光传输网
PDL	Program Design Language	程序设计语言
PDS	Premises Distribution System	综合布线系统
PDU	Protocol Data Unit	协议数据单元
PFM	Pulse Frequency Modulation	脉冲调频
PHS	Personal Handyphone System	个人手机（手提电话）系统
PI	proportional integral	比例积分
PICS	Protocol Implementation Conformance Statement	规约实现一致性声明
PID	Proportional plus Integral plus Derivative	比例积分微分
PIN	personal identification number	个人识别号
PIR	Passive Infrared Detector	被动式红外传感器
PLC	Power Line Carrier	电力线载波
PLC	Programmable Logic Controller	可编程逻辑控制器
PLMN	Public Land Mobile Network	公众移动通信网
PM	Physical Medium	物理媒体
PMA	Physical Medium Attached Equipment	物理媒体附属设备

续表

缩写	英文	中文
PMD	physical layer mediam dependent	依赖于物理层模式
PMS	Property Management System	资源管理系统
POS	Point Of Sales	电子收银台
POST	power self test	加电自检
PPP	Point To Point Protocol	点到点协议
PS	Physical Signal	物理信号
PSACR	power sum ACR	衰减串音功率和
PSD	Photoelectric Smoke Detector	光电感烟探测器
PSDN	Packet Switched Data Network	分组交换数据网
PSELFEXT	Power Sum ELFEXT	等电平远端串音的功率和
PSK	Phase Shift Keying	移相键控
PSN	Programmable Smart Nodes	可编程智能节点
PSNEXT	power sum NEXT	近端串音功率和
PSPDN	Packet Switched Public Data Network	分组交换公共数据网
PSS	public security system	公共安全系统
PSTN	Public Switched Telephone Network	公共交换电话网
PTI	Payload Type Identifier	净荷类型识别码
PTN	Personal Telecommunication Number	个人通信号码
PV	Process Variable	过程变量
PVC	Permanent Virtual Circuit	永久虚拟电路
PVCS	Public Video Conferring System	公用型会议电视系统
	Package of software	软件包
	Paging	无线呼叫系统
	pair	线对
	Panic Button	报警按钮
	Parabolic antenna	抛物面天线
	Parking Equipment	停车场设备
	Passive HUB	无源集线器
	Patch Cable	接插电缆
	Patch Panel	转接板
	patch plug	转插（头）
	patch cord	接插软线
	Patrol management system	巡更管理系统
	Patten Recognition Method	模式识别法
	Pay TV	付费电视
	Peer to Peer	对等式网络结构、点对点、无主从

续表

缩 写	英 文	中 文
	Peer to Peer Token Passing	对等令牌传递
	Pentium	奔腾
	performance evaluation	性能评价
	permission	许可
	photodiode	光电二极管
	Physical Layer	物理层
	Physical Link	物理链接
	picture definition	图像清晰度
	Picture noise	图像噪声
	Picture transmission	图像传输
	piezoelectric force transducer	压电式力传感器
	pin	插针
	pin-compatible	管脚兼容
	Pinhole ALC lens	针孔型自动亮度控制镜头
	pipe	管道
	pitch; tone	音调
	pixel	像素
	pixel pitch	像素中心距
	pixel/picture element	像素
	Plotter	绘图机
	Plug-and-Play	即插即用
	plug-compatible	插件兼容
	point to multipoint communication	点到多点通信
	position transducer	位置传感器
	power consumption , power dissipation	功耗
	Power Distribution	配电
	Power Line	电力线
	power supply	电源
	Power amplifier	功率放大器
	preallocation	预分配、自动收费
	Preamplifier	前置放大器
	preburied construction patares	预埋暗盒
	precharge	预充电
	precision	精度
	preposition amplifier	前置放大器
	Presentation Layer	表示层

续表

缩　写	英　　文	中　　文
	Pressure-Gradient	压差式
	Pressure-Operated	压强式
	Pressure detection	压力探测
	Pressurization Fan	加压风机
	Priority	优先级
	Private Transfer Services	私人传送服务
	privilege	特权
	probability	概率
	Production Network	运行网
	Programmable switching matrix	可编程切换矩阵
	programming	编程
	Programming language	程序语言
	Property Management	物业管理
	Proprietary Communication protocol	专有通信协议
	protection area	防护区
	Protocol Converter	协议转换器
	Protocol Stack	协议栈
	Proximity Card	接近卡
	proxy	代理
	Public address system	公共广播系统
	Public safety	公共安全
	Purchase Order	订单
Q		
QSAFA	Quasi-Static Automatic Frequency Allocate	准静态自动频率分配
	Quad unit	画面四分割
	quality assurance	质量保证
	query optimization	查询优化
	Query-Response	查询－应答
R		
RAM	Random access memory	随机存储器
RDA	Remote Database Access	远程数据库访问
RES	Remote Execution Service	远程执行服务
RF	Radio Frequency	射频
RHCP	Right Hand Circular Polarization	右旋圆极化
RIP	Routing Information Protocol	路由信息协议
RMC	Repeater Management Controller	无线信道控制器

续表

缩写	英文	中文
RNM	Remote Network Monitoring	远程网络监控
ROM	Read-Only Memory	只读存储器
RP	Report Printer	报表打印机
RPC	remote position control	远程位置控制
RPC	Remote Procedure Call	远过程调用
RPN	Remote Private Network	远程专用网
RQBE	Relational Query By Example	关系型案例查询
RS	Remote Sensing	遥感（测）[技术、方法]
RT	Reference Terminal	基准终端
RTC	Real Time Clock	实时时钟
RU	Remote Unit	远端传送装置
RUP	Routing Update Protocol	路径更新协议
	（eletromagnetic）radiation	（电磁）辐射
	（tape）recorder	（磁带）录音机（或录像机）
	Radiation power	辐射功率
	radio	无线电
	radio station	无线电台
	Rate Of Rise Thermal Detector	差温探测器
	rated load	额定负载
	rated voltage	额定电压
	Rated power	额定功率
	real-time	实时
	real-time constraint	实时约束
	Real-time control	实时控制
	rear screen projection display	背投影
	rear screen projector	背投影机
	reconfiguration	重配置
	reconstruction	重建
	Recorder	录音机
	Reference clock	基准时钟
	refresh frame frequency	换帧频率
	refresh ratio	刷新频率
	relative deviation of pixel pitch	像素中心距相对偏差
	relay	转播
	relay station	转播台
	Remote Head End	远地前端

续表

缩写	英文	中文
	Remote controlled door	遥控门
	Repeater	中继器，转发器
	Replace	替换
	Request/Response	请求/响应
	Resolution	清晰度
	resource requirements planning	资源需求计划
	resource sharing	资源共享
	Response time	响应时间
	Response to event	事件应答
	restricted area	禁区
	retransmission	重发
	retrieve	检索
	Retry	重试
	Return Loss	回转损耗
	Reverberation Time	混响时间
	Reversed Pair	反接
	Ring Topology	环形拓扑
	route	路由
	Router	路由器
	Routing Protocol	选径协议
S		
S-HBS	Super-Home Bus System	超级家庭总线技术
S/N; SNR	signal-to-noise ratio	信噪比
SAS	Single Attached Station	单连通站
SAS	Safety Automation System	安全自动化系统
SAT	satellite	卫星
SC	Subscriber Connector (optical fiberconnector)	用户连接器（光纤连接器）
SCC	Supervisory Computer Control	监督计算机控制
SC-D	Subscriber Connector-Dual	双联用户连接器（光纤）
SC-D	duplex SC connector	双工 SC 连接器
SCS	Structured Cabling System	结构化布线系统
SD	Smoke damper	排烟阀
SD	System Distortion	系统失真
SDCA	Synchronous Design Communication Adapter	同步设计通信适配器
SDH	Synchronous Digital Hierarchy	同步数字系列
SDI	Standard Data Interface	标准数据接口

续表

缩写	英文	中文
SDLC	Synchronous Data Link Control	同步数据链路控制
SDMA	Space Division Multiplex Access	空分多址
SDT	Software Development Tool	软件开发工具
SDU	Synchronous Data Unit	同步数据单元
SEEF	Smoke Extractor Exhaust Fan	排烟风机
SFF	small form factor connector	小型连接器
SFT	System Fault Tolerance	系统容错
SFTP	shielded foil twisted pair	屏蔽金属箔双绞线
SGMP	Simple Gateway Management Protocol	简单网关管理协议
SH	Smart Home	时髦屋，智能化家庭
SI	System Integration	系统集成
SI-NET	System Integration Network	系统集成网络
SLIP	Serial Line Interface Protocol	串行接口协议
SM FDDI	Single-Mode FDDI	单模光纤分布或数据接口
SMDS	Switched Multimegabit Data Service	交换式多兆位数据服务
SMP	Simple Management Protocol	简单管理协议
SMS	Security Management System	安防管理系统
SMTP	Simple Mail Transfer Protocol	简单邮件传送协议
SNA	System Network Architecture	（IBM 开发的）系统网络架构
SNI	Service Node Interface	业务接点接口
SNMP	Simple Network Management Protocol	简单网络管理协议
SOHO	Small Office & Home Office	小型家庭办公
SONET	Synchronous Optical Network	同步光纤网络
SPN	Single Point Smart Nodes	单点智能控制器
SPX	Sequenced Packet Exchange	顺序分组交换协议
SQL	Structured Query Language	结构化查询语言，SQL 语言
SRB	Source Routing Bridge	源地址路径选择网桥
SS	Shock sensors	振动传感器
SS	Sprinklered System	自动喷水灭火系统
STB	Set-Top Box	机顶盒
STM	Synchronous Transmission Mode	同步传输模式
STP	Shield Twisted Pair	屏蔽双绞线
STS	Shared Tenant Service	租户共享服务
SVC	Switched Virtual Circuit	交换虚拟电路
SW	Switch	交换机
	safety certification authority	安全认让受权

续表

缩写	英文	中文
	sampling rate	采样速率
	Satellite program	卫星节目
	Satellite television	卫星电视
	Satellite television receiving antenna	卫星接收天线
	scheduling	调度
	screened balance cable	屏蔽平衡电缆
	search	检索、搜索
	security measure	安全措施
	Security system	安防系统
	Segment	段
	self-adapting	自适应
	Self-tuning	自调谐
	Semantic	语义
	sensitivity	灵敏度
	Sensor	传感器
	Serial Port	串行信道接口
	series match	串联匹配
	Server Based	基于服务器
	Server Frame	服务器群
	Session Layer	会话层
	signal	信号
	signal box	信号箱
	signal lamp	信号灯
	signal level	信号电平
	Signal to noise ratio	信噪比
	Simultaneous Interpretation Conference System	同声传译系统
	Simultaneous interpretation	同声传译
	Single mode Fiber	单模光纤
	slot	插槽
	Smoke Control System	排烟系统
	Smoke Vent	排烟口
	socket services	插槽服务
	software maintenance	软件维护
	Sorting parameter	分类参数
	Sound Absorption Ability	吸声能力
	Sound Insulation	隔音

续表

缩写	英文	中文
	sound box	音箱
	sound column	声柱
	Sound control console	音响控制台
	Sound control room	音响控制室
	Sound effect	音响效果
	Sound field distribution	声场分布
	sound field nonuniformity	声场不均匀度
	sound level	声级
	Sound pressure level	声压级
	Sound regulation equipment	调音设备
	Sound reinforcement	扩声
	Sound system	音响系统
	sound transmission gain	传声增益
	Sound value	音量
	sound-reinforcement system	扩声系统
	special D. C. standby power source	专用直流备用电源
	Specific program	专用程序
	Split Pair	缠绕
	Standard Network Variable Types	标准网络变量类型
	Standard program	标准程序
	Stand-by amplifier	备用放大器
	Star Topology	星形拓扑
	Stereo	双声道、立体声
	Strike	电子门锁
	Studio	演播室
	subnet	子网
	Subsystem	子系统
	super class	超类
	superconducting memory	超导存储器
	Switched Ethernet	交换式以太网
	Switched HUB	交换式集线器
	Switched LAN	交换式局域网
	Switcher	切换器
	Switching matrix	矩阵切换器
	Syntax	语法
	System Planning	系统规划

续表

缩　写	英　　　文	中　　　文
	System configuration	系统配置
T		
TA	Transaction Automation	交易自动化
TA	Terminal Adapter	终端适配器
TB	Transparent Bridge	透明网桥
TCL	transverse conversion loss	横向转换损耗
TCP	Terminal Communication Protocol	终端通信协议
TCP/IP	Transmission Control Protocol / Internet Protocol	传输控制协议 / 互连协议
TCTL	transverse conversion transfer loss	横向转换转移损耗
TDM	Time Division Multiplexing	时分复用
TDMA	Time Division Multiple Access	时分多址
TE	terminal equipment	终端设备
TIA	Telecommunications Industry Association	美国电信工业协会
TNS	Transparent Network Substrate	透明网络底层
TO	Telecommunications Outlet	信息插座（电信引出端）
TO	telecommunications outlet	信息插座
token ring 16Mbits/s	token ring 16Mbits/s	令牌环路 16Mbits/s
TP	Transition Point	转接点
TPDDI	Twisted Pair Distributed Data Interface	双绞线分布式数据接口
TTU	Telephone Timing Unit	电话定时单元
TTY	Teletypewriter	电传打字机
	tains-borne disturbance	电源干扰
	Target	目标
	Target Tree	目标树
	Technical and Office Protocol	技术和办公协议
	communications closet	电信间
	Telematic	远程信息处理，综合信息技术
	Teletext Broadcasting	图文电视广播
	Teletext TV	图文电视
	Telex Terminal	用户电报终端
	temperature sensor	温度传感器
	temperature transducer	温度传感器
	Terminal	终端
	Terminal level	终端电平
	Text	文本
	The Greatest Noise Power	最大噪声功率

续表

缩写	英文	中文
	Thick net	密网
	Thin net	疏网
	Ticket Dispenser	发卡机
	Time-out	暂停（时间），超时
	time-sharing	分时（法、技术）
	Time Token Passing	分时令牌环
	Timing	定时
	Token Bus	令牌总线
	Token management	令牌管理
	Token Passing	令牌传递
	Token Ring	令牌环
	Toll station	收费站
	Tool Free	免专用工具
	Top Technical and Office Protocol	技术和办公协议
	touch screen	触摸屏
	Transceiver	收发器
	transcribe	转录
	transhybrid loss	转移混合损耗
	transmission	传输
	transmission frequency characteristic	传输频率特性
	transmit system	传输系统
	Transmitter	发射器
	Transport Layer	传送层
	Tree Topology	树形拓扑
	trunk	中继线
	Trunk amplifier	干线放大器
	Turn-key	交钥匙
	Twisted Pair	双绞线
	Twisted Pair Cable	双绞线电缆
U		
U. P. O	undistorted power output	无失真输出功率
UA	User Agent	用户代理
UC	Unitary Controller	单元控制器
UD	User Data	用户数据
UDP	User Datagram Protocol	用户数据报协议
UHF	ultrahigh frequency	超高频

续表

缩 写	英 文	中 文
UIC	Unit Integrated Controller	设备综合控制装置
UL	Underwriters Laboratories	美国保险商实验所安全标准室
UNI	User Network Interface	用户网络接口
UNICOM	universal integrated communication system	（中国）联通通信网络
UNIX		UNIX 操作系统
UPS	Uninterrupted Power Supply	不间断电源
URL	Uniform Resource Locator	统一资源地址
UT	Universal Time	世界时间
UTP	Unshielded Twisted Pair	非屏蔽双绞线
Vr. m. s	Voltage root. mean. square	电压有效值
	Ultrasonic detection system	超声波探测系统
	ultraviolet cell	紫外光电元件
	ultra-violet fire alarm control unit	紫外火灾报警控制器
	ultra-violet flame detector	紫外火焰探测器
	ultraviolet light; ultraviolet ray	紫外线
	Unicasting	单播
	uniformity	亮度均匀性
	unscreened balance cable	非屏蔽平衡电缆
	upgrade	升级
	uptown	小区
	upward compatibility	向上兼容
V		
VAP	Video Access Point	可视图文接入点
VAV	Variable Air Volume	变风量空调
VC	Virtual Channel	虚拟通道
VC	Venture Capital	风险投资
VCI	Virtual Channel Identifier	虚拟通道标识符
VCT	Video Conference Terminal	视频会议终端
VDSL	Very-high-bit-rate Digital Subscriber Link	甚高比特数字用户链路
VHF	very high frequency	甚高频
VHSIC	Very High Speed Integrated Circuit	超高速集成电路
VI	Video interphone	可视对讲
VIP	very important person	贵宾
VLSI	Very Large Scale Integration	超大规模集成电路
VMS	Voice Message System	语音信息系统
VOD	Video On Demand	视频点播

续表

缩写	英文	中文
VP	Virtual Path	虚拟路径
VPI	Virtual Path Identifier	虚拟路径标识符
VPN	Virtual Private Network	虚拟专网
VRV	Variable Refrigerant Volume	变冷媒量空调
VSAT	Very Small Aperture Satellite Terminal	甚小口径卫星终端
VTMA	Virtual Terminal Access and Management	虚拟站访问和管理
VVC	Voltage Vector Control	电压矢量控制
	Value control	音量控制
	Video Camera	摄像机
	Video card	图像卡
	Video compression	视频压缩
	Video detection system	视频探测系统
	video display system engineering	视频显示屏系统工程
	video display together system	视频拼接屏显示系统
	video display unit	显示屏单元
	video frequency	视频
	Video image monitoring system	视频图像监视系统
	video recorder	录像机
	video recording	录像
	Videophone	可视电话
	Videotex	可视 图文
	viewing angle	视角
	viewing distance	视距
	Virtual LAN	虚拟局域网
	Virus	病毒
	visual	视觉欣赏
	Voice and Fax Line	语音和传真线
	Voice Line	语音线
	Voice Mailbox	语音信箱
	volume	音量、量
W		
WAIS	Wide Area Information Server	广域信息服务器，广域信息服务系统
WAN	Wide Area Network	广域网
WAS	Work Area Subsystem	工作区子系统
WB	wideband	宽带
WCS	Wireless Communication System	无线通信系统

续表

缩写	英文	中文
WFS	Water Flow Switch	水流开关
WH	Wise House	智慧屋
Window NT	Window New Technology	Window 新技术
WLL	Wireless Local Loop	无线本地环路
WORM	Write Once Read Many	一次写多次读
WP	word processing	字处理
WTO	World Trade Organization	世界贸易组织
WWW	World Wide Web	万维网
	Waiting Space	避难空间
	warm start , warm boot	热启动
	Watchman Tour	保安人员巡逻
	Water-Cooling System	水冷机组
	Wireless microphone	无线麦克风
	work area	工作区
X		
XDSL	Any Digital Subscriber Link	任何数字用户线，包括：ADSL，VDSL，SDSL 等 X 数据用户线，其中 X 包括： I、H、A、S、V 等，具有不同的含义。 I：为 ISDN 综合业务数字网； H：为 High data rate，高数据； A：为 Asymmetric 非对称的； S：为 Single line 简单的线路； V：为 Very high data rate 甚高数据率
Z		
	Zoom lens	变焦镜头
	zone fire alarm control unit	区域火灾报警控制器

中国建筑设计研究院机电院

Mechanical Electrical Plumbing Design & Research Institute

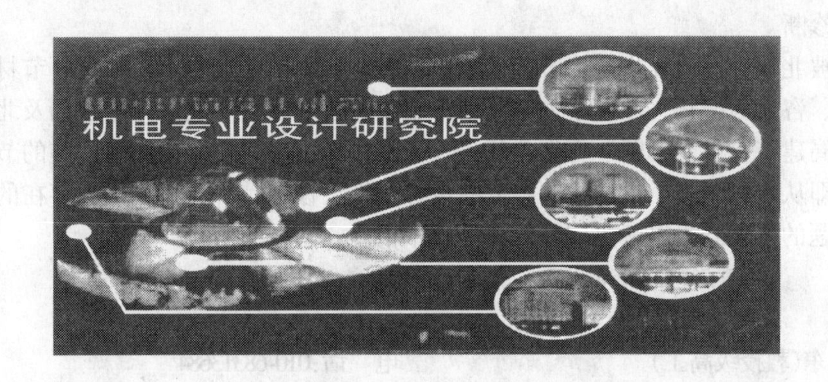

中国建筑设计研究院机电院为国资委的下属企业，拥有一支由22名教授级高工，47名高级工程师，总计118名专业精英的团队。机电院下设给排水专业所、暖通专业所、电气专业所和节能咨询部。主要业务范围：机电设计、节能咨询和编制技术标书等。

高效的工作效率需要有高效的工作流程。“二审两校”是机电院严格遵守也是最行之有效保证工作效率和质量的法宝。“二校、三审、一会审”是保证设计质量行之有效的办法：二校：设计人自校，校对人校对；三审：工种负责人审查，审核人审核，审定人审定；一会审：各专业在审定前进行专业会审，以防图纸出现错、漏、碰、缺现象。

在科学的管理机制和强大的技术力量支持下，机电院从1986年至今获得的设计奖励289项，其中国际级奖项5项，国家级奖项44项，省部级奖项195项。获得的科研奖励241项，其中国家级奖项11项，省部级奖项93项。机电院在2000年通过了ISO9001国际质量体系的认证；并有建筑工程设计责任保险证书。现有国家一级注册公用设备工程师和电气工程师65人，现已取得全国消防设施专项设计人员消防专业考试合格证的工程师36人。

我们以“从质量中求精品，从管理中求效益，从服务中求市场，从创新中求发展”为宗旨，遵循“节约能源、节水节电、精心设计、确保质量、系统合理”的方针，发扬与时俱进精神，不断创作出更好的设计精品，为建筑设计行业的发展做出更大的贡献。

节能设计与咨询

院技术咨询部为众多业主开展节能设计技术咨询，近从“北京国家大剧院、首都机场、中国农业银行总行办公楼”，远到“呼和浩特首府广场、合肥市政府新区天鹅湖畔小区”等项目。

智能化专项设计

以“量身订做”为手段、“系统合理、节约投资”为目标，又为不少业主进行了如“山东广电中心（14 万 m^2）、北沙滩住宅小区（14 万 m^2）、北京银行总行办公楼（10 万 m^2）、中石化办公楼（17 万 m^2）、国家新闻出版署办公楼（4 万 m^2）”等工程智能化专项设计。

编制机电技术标书

以一批资深专家为主体，现已为众多业主进行了如“北京轻汽西厂区改造项目（42 万 m^2）、北京国典大厦（7 万 m^2）”等项目的机电技术标书的编制。

工程节能诊断

我院被北京市发改委指定为节能诊断单位之一，以节能、节水、节电、节材、节资的建筑设计、咨询为擅长，承接了如“北京市市政管理委员会、北京市旅游局及北京市公安交通管理局建筑物节能诊断”等多项任务。历经多年实践，总结出我院完整的节能诊断工作思路，即从现场调查、抽样检测、复核设计图纸、模拟计算分析、提出存在的问题、分析解决问题的方法到提出解决问题的关键技术措施。

院长:欧阳东(教授级高工)
副院长兼给排水所所长:赵锂(教授级高工)
副院长兼暖通所所长:关文吉(教授级高工)
电气所所长:李陆峰(教授级高工)

电　话:010-68313684
传　真:010-68339620
E-mail:mep-o@263.ent
地　址:北京市西城区车公庄大街 19 号 100044